無往不利的 簡報表達力

談判、說服、提案
都有效的 **47** 堂說話課

IBM 簡報女王　清水久三子 ── 著

葉廷昭 ── 譯

suncolor
三采文化

現學現用的簡報表達力

▶ 口才不好、害怕簡報是有辦法克服的

「為什麼我一開口講話，就會變得很緊張啊？」

「我不想在一群人面前發表談話。」

「像我這種不起眼的人，不可能在人前演說啦。」

「我口才不好，做不到啦。」

對這本書感興趣的讀者，多半都有上述的煩惱吧？

我以前也有一樣的煩惱。後面的章節會提到，我小時候連跟朋友聊天都有困難，上課老師叫我回答問題，我明明知道問題的答案，卻一句話也說不出口。出了社會以後，我很不擅長簡報，只要上台就會非常緊張。

不過，從事顧問工作以後，我現在每年有 100 到 150 天的時間，擔任簡報的研習講師，上台解說簡報技巧。說話成為我主要的工作，連家母都不敢相信我會靠說話吃飯。

我之所以能克服緊張的毛病，以大方的態度和有條不紊的方式做簡報，這要歸功於某個訣竅。

本書會介紹具體的簡報技巧，其實簡報高手和簡報菜鳥之間，最大的差異只是一些基本的知識和技巧而已。

▶ 學習簡報技巧就跟學騎自行車一樣

上台簡報其實就跟學騎自行車是一樣的道理。剛開始學騎自行車每個人都會怕，重心不穩容易摔倒。你不知道如何善用自己的身體，白白浪費力氣，學起來又累又慢。可是，經過反覆練習，你就懂得放鬆身上多餘的力氣，不需要輔助輪也能騎得很平穩。一旦學會騎乘的方法，身體就再也不會忘記，可以很自然地騎上去。

學習說話技巧也差不多，上台講話雖然可怕，但經過一段時間的訓練，就能出口成章了。當然，騎自行車也是有分等級的，像職業選手那樣高速騎乘自行車，參加越野競賽或鐵人三項競賽，需要接受特殊訓練。**同樣的道理，如果你要以專業講師的身分上台簡報，那也需要一定程度的特殊練習**。然而，大部分人在日常生活中不會有那樣的機會。

▶ 公司會議、報告會議和商談簡報都適用的技巧

本書會介紹生活中常用的簡報技巧，好比公司會議、報告會議和商談簡報的技巧等等；剩下的篇幅，才會介紹一些比較高難度的專業技巧。學會優秀的簡報技巧，你的工作會更加順遂，溝通也會更有效率。**這就好比學會騎自行車的人，行動範圍會變得更寬廣，移動速度也會更快一樣**。而這樣的技巧是終身受用的。

再來介紹本書的架構。

首先，我在序章會介紹一些大家對簡報常有的誤解。很多人認為簡報是件困難的事情，解開這個誤會的話，說不定就比較沒心理負擔了。

第一章介紹如何對抗緊張，那是每一個不擅長說話的朋友，都要面對的大敵。我會教各位控制緊張的具體方法，只要你接受自己

緊張的事實，心理負擔會減輕許多。

第二章介紹說話的方法，你沒必要講一些很難懂的事情。讀完這一章你會發現，言簡意賅的說話方式其實很單純。

第三章介紹分析聽眾的技巧，這個技巧對不擅言詞的人非常有益。事先了解聽眾是什麼樣的人，就不用煩惱自己該說什麼了，簡報難度也會降低許多。

第四章介紹如何編排敘事情節，也就是思考談話主題的先後順序，讓整場談話聽起來簡單易懂。你要站在對方的角度，思考傳遞資訊的步驟，這是準備簡報最重要的一環。有些口拙的人光是改善簡報的架構，演說的整體水準就有顯著的提升。

第五章介紹答覆疑問的方法，以及如何處理突發狀況和麻煩。遇到出乎意料的狀況，靠一點小技巧即可迎刃而解。

第六章介紹製作資料的方法，很多人在這一個環節浪費了太多時間。這一章會教各位如何製作單純的資料，讓你的報告聽起來簡單明瞭，而且又不用花太多時間製作。

希望看完本書的讀者，都能像學騎自行車一樣，掌握輕鬆又愉快的簡報技巧。

2019 年 11 月
清水久三子

本書 使用方法

▶ 各章概要

請先掌握各章概要。參考章節簡介，你可以只讀自己需要的部分，這樣做更有效率。

❶ 情境模擬

每一章都會介紹不擅言詞的人，有哪些常見的煩惱。如果你看了覺得感同身受，那就代表你需要閱讀該章節的內容。

❷ 問題確認清單

你可以從具體的煩惱項目中，尋找解決的方法。你要是碰到類似的煩惱，不妨閱讀解決的方法就好。

❸ 本章目標

看完這一個項目，你會知道實踐本章的技巧後，將帶來什麼樣的改變。事先了解一下最終目標，實踐起來會更加順遂。

▶ 各章技巧簡介

這裡介紹的是改善口才的簡報技巧，你可以依序讀完所有內容，或是尋找自己需要的項目閱讀。

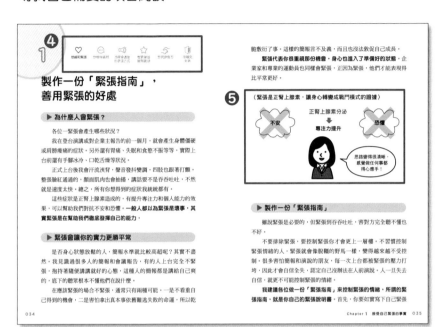

❹ 煩惱圖示

每一節都會介紹不同的煩惱，並標上專屬圖示。若有特別在意的項目，只閱讀那一項也無妨。

❺ 插畫圖解

搭配插畫和圖示加深理解，並一併確認解說文字。

目錄

序章 口拙的人常有的七大誤會

Chapter 1 接受自己緊張的事實

Chapter 2 改變說話方式提高說服力

Chapter 3 口才不好的人要分析聽眾

Chapter 4 簡報成敗取決於談話材料和脈絡

Chapter
⑤
備妥 Q&A 便萬無一失

困擾情境 5：
QA 時間，腦中一片空白 ———————————— 136

Chapter 6　掌握製作資料的重點

序章

口拙的人常有的
七大誤會

簡報的主角不是你

▶ 你是否自我意識太強？

會拿起這本書的讀者，簡報實力多半不怎麼樣吧？那麼，請你思考一下為何自己不擅長簡報？

> 「我不想丟臉。」、「我討厭緊張的感覺。」、「我不想失敗。」、「我不想引人注目。」、「我不希望留下口才不好的印象。」、「我不想聽到嚴厲的評價。」、「我害怕批評。」

這些想法就是各位不擅長簡報的原因吧？

上面的想法全都是用「我」當主詞，注意力全都放在自己身上，屬於一種自我意識過剩的狀態。滿腦子只想著自己，結果反而影響到言行舉止，這不是一件很奇怪的事嗎？

當你的自我意識開始膨脹時，請你提醒自己一件事，其他人根本沒心情理你，他們都只關心自己的事情。

我過去舉辦研習營，會請每一位學員上台演說。每一位學員都告訴我，他們上台時非常緊張，而且會手掌冰冷、口乾舌燥，連講話的聲音都在發抖。不過，充當觀眾的學員並沒有察覺異狀。

換句話說，你以為別人很關注你，但事實不然。大部分的人都在思考，自己上台時要說什麼。

請你記住，**深呼吸放鬆身上的力氣，就會恢復平常心了。**

▶ 簡報真正的意義

簡報的英文單字源自「禮物」這兩個字。也就是說，**簡報是送給對方的大禮，既然是送給對方的大禮，你就該把重心放在對方身上**。你要思考如何刺激對方的好奇心，滿足對方的期待感，想辦法逗對方開心，把你的訊息確實傳遞出去，這才叫真正的簡報。簡報不是讓你用來炫耀，更不是強迫對方接受你的觀念。

如果你的自我意識太強烈，做簡報完全沒考慮到對方，那麼失敗是顯而易見的下場。長此以往，你會給自己太大的心理負擔，再也不願意站到人前說話。事實上，你只是害怕受傷才給自己這些心理負擔。

我以前真的很不擅長簡報，有一次我改變做法，把重心放在客戶身上。**沒想到我比平常還要放鬆，客戶也給予我不錯的評價**。有了那一次經驗，我就再也沒有心理負擔了。把注意力轉移到對方身上，可以幫助你擺脫心理上的障礙。

〈簡報思維〉

人們對口才好的誤解

▶ 你對口才好的看法是否正確？

大家都想要當一個口才好的人，那你對口才好的具體印象是什麼？錯誤的印象會害你多走很多冤枉路，犯下不必要的錯誤。我們先來破除一些常見的迷思。

・口才好的人一定能言善道？

通常口才不好的人，都希望自己變得能言善道。實際上，流暢不等於好理解，太過流暢的說話方式，有時候反而無法在聽眾心中留下印象，搞不好還會被當成巧言令色、誇大其辭的人。演說的關鍵在於，讓對方理解你要表達的內容，並且激發他們的好感和共鳴。**不是一定要口若懸河才叫口才好。**

・口才是與生俱來的才能？

俗話說，愛講話是一種天性，但愛講話和表達能力好是兩回事。想到什麼就說什麼，對話完全沒有重點，聽眾也無法理解談話的內容。況且不必要的訊息太多，只會徒增理解上的負擔。你應該慎選必要的資訊傳達，**沒必要逼自己當一個愛說話的人。**

・口才好的人擅長應付突發狀況？

電視上常有各種幽默機智的對話情節，但電視節目大多是有劇本的，上節目的人也會準備好各自的笑料，播出之前也會先排

練。同樣的道理，簡報高手也會事先做足準備，他們有考慮過談話的對象和當下的狀況，才說得出機智幽默的對話。因此，**說不出機智趣味的發言也不必難過**。簡報前做好準備，談吐自然很有內涵。

• 好的簡報講究娛樂性？

　　大家都以為史蒂夫・賈伯斯或 TED 演講者那種充滿娛樂性的簡報，才稱得上是好的簡報風格。的確，如果你是要介紹劃時代的商品或服務，用那種簡報方式或許有效。**問題是，你的聽眾不見得需要娛樂性，誇張的肢體動作和演說方式，不見得適合你的風格和簡報內容。**當然，充滿娛樂性的簡報有很多值得學習的技巧。不過，本書中介紹的技巧，很適合不擅言詞的人學習，建議各位先學好再說吧。

〈如何提升口才？〉

一對一的會議，
也是重要的簡報場合

▶ 不是只有聽眾多才叫簡報

一提到簡報這兩個字，很多人都會聯想到主講者對著一大群聽眾，使用 PPT 投影片演說的畫面。事實上，**各部門的會議報告，還有一對一的小型面談也算是簡報場合**。講得更托大一點，對親朋好友訴說自己的心情，對別人提出要求，也是一種簡報。

比方說，你想說服家人購買某樣家電產品，這就是貨真價實的簡報場合。你得說出自己的主張和依據，尋求家人的認同才行。例如，為什麼你需要那項產品？那項產品對你和家人有何好處？產品本身的性價比又如何？這些都要講到。

有些讀者可能認為，反正我又沒有在眾人面前演說的機會，不需要精進簡報技巧。但這樣的心態，也許未來會在職場和日常生活中造成遺憾。

一對一的小型會議很講究臨機應變的能力，這種類型的會議反而容易緊張。**在人前說話本身就是簡報，這與人數多寡無關，事先提升自己的簡報能力，總是有利無害**。

▶ 簡報的機會有增無減

當然，大部分人都不想在人前發表演說，但你再怎麼不情願，還是得面對簡報機會越來越多的事實。

首先隨著年紀漸長，你在職場上的工作和職位也會改變，在人前發表演說的機會是躲不掉的。你必須對部下和客人發表演說，在懇親會或其他場合發表演說的機會，也比年輕時要來得多。

另外，跟終身雇用制的時代相比，現在職場上會遇到不同行業的人士或外國的員工，而他們對工作的認知和資訊，不見得跟你一樣。過去那種「不必言傳也該意會」的工作方式已經不管用了。

請各位不要害怕簡報，只要你掌握良好的表達能力，生活就會變得一帆風順。我在小學時，真的不敢在人前說話，甚至沒辦法在課堂上回答老師的問題，明明我知道答案是什麼。所以，我也不敢對朋友表示意見，校園生活對我來說非常痛苦。直到我慢慢學習說話技巧，敢於表達自己的意見後，才有心情享受校園生活。

在職場上也是一樣，簡報技巧是一種走到哪裡都管用的絕活。換句話說，未來你從事不同的行業或工作，簡報技巧同樣對你有幫助。**請各位學會這種終身受用的技巧吧。**

〈簡報技巧派上用場的機會〉

日常生活	職場
·說服親朋好友，向他們表達意見。 ·精確答覆對方的疑問。 ·在婚喪喜慶的場合致詞。	·對部門的成員報告。 ·對客戶提案。 ·在公開場合致詞或發表演說。 ·對其他行業的人士或外國人說明。 ·對新鮮人介紹公司等等。

 學會簡報技巧一生受用無窮！

4

比邏輯更重要的事

▶ 講話不是有邏輯就好

很多人都以為自己講話缺乏條理,所以才沒有說服力。其實各位應該知道,光靠邏輯沒辦法打動對方。**古代希臘哲學家亞里斯多德曾說,要說服對方,需要信賴、情感和邏輯三大要素。**

▶ 最重要的是信賴

首先,最關鍵的基礎是信賴。沒有人會想聽一個不值得信任的人發號施令,空有一身自信是得不到信賴的,你還要有謙虛、誠懇和禮貌的態度。這些得靠平日的言行和工作成果慢慢累積。另外,第三章會介紹分析聽眾的方法,這也是在替對方著想,因此跟建立信賴也有直接的關聯,口拙的人絕對需要分析聽眾的技巧。

▶ 用熱情引起共鳴

所謂的情感,是靠熱忱或熱心的態度引發對方共鳴。**各位可能以為充滿朝氣又活潑的人比較吃香,但引起共鳴靠的不光是這兩點。**謙虛又充滿堅定熱忱的人反而比較受歡迎。第一章介紹克服緊張的方法,其實就是在教大家控制情感。學會這個技巧後,你就能用自己特有的方式表達熱忱。表達熱忱並非只有一套方法,試著找出專屬於你的方法吧。

▶ 有條理的說話方式是可訓練的

　　邏輯純粹是增加說服力的要素之一，有條理的說話方式是最好訓練的要素。本書會介紹各種有條理的說話技巧，例如說話方式、編排敘事情節等等，這些技巧學起來並不難。**號稱講話有條理的企業顧問，大部分也只懂一些基本的說明要旨。**

▶ 目標是引起共鳴，而非駁倒對方

　　通常提到說服兩個字，大家都想用邏輯「駁倒」對方。然而，你越想駁倒對方，對方的反感就越強烈，搞不好還會故意唱反調，轉而贊同別人的意見。你真正該追求的目標，是引起對方的「共鳴」。以追求共鳴為首要之務，你對說話這件事也會更有好感，至少不會心生厭惡。

〈說服對方的三大要素〉

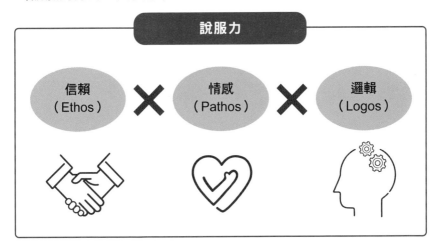

不是只有你不擅長簡報

▶ 討厭簡報是國民性？

　　據說跟美國人相比，亞洲人比較不擅長簡報。有調查結果顯示，大約七成的日本人對簡報心懷抗拒。一般認為國民性主要受到人種和性格影響，其實文化和教育才是主要原因。美國是多民族國家，人民必須靠對話和自我主張來互相了解，而日本是島國，講究的是察言觀色的能力。

　　而這樣的文化背景，也造就了教育上的差異。我女兒放學以後，會去國際學校參加一些課程，那裡幾乎每天都有「Show & Tell」的演講時間。這是美國學校常用的制度，簡單說學生必須上台介紹自己喜歡的東西。

　　演說有固定的模式，學生要說出自己喜歡的東西，再提出三大理由增添說服力，因此事前的準備工作，也得按照這樣的方針進行。演說結束還要回答其他同學的問題，能夠引起更多同學的關注，才算是一場好的演說。這就是貨真價實的簡報訓練課程，**美國人從小就做這樣的練習，對簡報自然沒有抗拒感。**

▶ 科技業的五分鐘簡報

　　科技業有一種五分鐘簡報制度，稱為「即席演說」，主要用在商談或公司的內部會議上。主題除了技術議題和事件發展外，偶爾也會像「Show & Tell」一樣，讓員工談起自己感興趣的事情。

擔任工程師的人多半不擅長簡報，**某家科技公司每個禮拜讓所有員工即席演說，結果員工都克服了簡報恐懼症。**我曾經稱讚那些員工的口才很好，該公司的主管才告訴我，其實他們的員工一開始完全不行，很多人連演說五分鐘都辦不到，而且內容七零八落，聽的人也覺得非常痛苦。可是，經過一個月的訓練，大家的口才都進步了，每個員工無形中掌握了簡報的技巧。

只要多練習演說，就算每次練習只有短短五分鐘，也會有很大的進展。你對演說的抗拒感會逐漸消失，說話方式和敘事能力這一類的簡報技巧也會進步。不擅言詞的人多半缺乏演說的機會，久久上台演說一次又很容易失敗，所以才會討厭演說這件事。**其實多做準備，多累積經驗就會進步了。**

〈簡報觀念調查〉

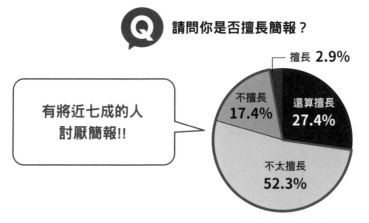

Q 請問你是否擅長簡報？

擅長 **2.9%**

不擅長 **17.4%**

還算擅長 **27.4%**

不太擅長 **52.3%**

有將近七成的人討厭簡報!!

樣本：在日常生活中有機會簡報的人／n=297
資料來源：INTAGE知識藝廊（2017年）調查數據

最該花時間準備的不是資料

▶ 資料真的有必要？

很多人以為簡報的準備工作，就是要製作一大堆 PPT 投影片。不過，資料純粹是用來協助理解的東西，並不是簡報的主體。

外資企業都給人一種用 PPT 做簡報的印象，但**最近有不少外資企業開始禁用 PPT**。理由是 PPT 可以用複製貼上來做，資料內容會變得很冗長，說明起來也浪費時間，真正重要的對談反而沒時間可用。

PPT 有各式各樣的功能，有心要做的話可以做得非常細緻。搞不好你做完 PPT 就沒時間練習演說了，況且資料量增加，說明的難度也會跟著上升。

簡報時使用的 PPT 資料，英文稱之為「Visual aid」，意思是「協助理解的視覺材料」。換句話說，如果你的說話方式簡單易懂，那麼沒準備資料也無所謂。事先在白板上寫出重點，用一張條列式的資料演說就行了。

▶ 不要花太多時間做 PPT

與其花時間做資料，不如把時間拿來做其他準備。**首先，你應該分析自己的聽眾**。不明白聽眾的期望和底蘊，簡報是不可能成功的。很多人問我該如何做出淺顯易懂的資料，我都會反問他們，你的聽眾是什麼樣的人？對簡報有什麼樣的期待？結果多數人都回答

不出來。沒有分析聽眾，當然做不出淺顯易懂的資料。

再來，你應該花時間編排訊息和敘事情節。有些人是在做 PPT 的過程中，思考這兩大要素，我個人不贊成這種做法。PPT 是一種呈現的工具，不適合用來思考演說的架構。就算你認真思考，注意力也會放在顏色或外觀這一類呈現手法上。

最後該做的是排練，在你完成資料之前先做一次排練。也就是在編出敘事情節和投影片的概要以後，實際站上台演說一次。與其等做完資料再練習，先弄清楚哪些部分不好說明，這樣歸納資料會更有效率。請先徹底排練過，再來修正資料的內容。

請照著本書的指導，好好準備資料以外的環節。實際做過一次，你就會發現有好好準備其他環節，演說效果絕對不一樣。

〈準備簡報不等於製作資料〉

PPT只是協助聽眾理解的視覺材料

一張列出重點的資料就夠了。　A4　用白板也可以。

花時間準備簡報

①分析聽眾　　②編排訊息和敘事情節　　③排練

簡報技巧差的真正理由

▶ 你模仿的風格是否適合你自己？

看到這裡，相信各位也明白自己不擅長簡報的理由了吧？

> 不擅長簡報的理由
> ・把自己當成主角，自我意識太高漲
> ・沒有練習說話技巧
> ・沒有事先排練，只顧著製作資料
> ・對口才好有所誤解

除了前面提到的這些因素，還有一項非常重要的理由，**那就是「你設定的目標有問題」**。第二節提到，如果你對簡報有錯誤的認識，就會朝不適合自己的方向努力。對演說有抗拒或厭惡感的人，說不定你模仿的簡報風格並不適合你自己。

我剛當上顧問時，看到那些口若懸河的人，以為那種說話方式很受歡迎。於是，我模仿那些人的說話方式和遣辭用句，但我總覺得自己講話不得要領，好像哪裡怪怪的。直到有一天，某位德高望重的人告訴我，要用自己的方式表達心中所想，這樣才能打動對方，我才恍然大悟。

後來，我開始思考自己要表達什麼，並且重新斟酌，模仿其他高手到底適不適合我？有沒有更簡單明瞭的表達方式？漸漸地，我養成了自己的演說風格，大家也稱讚我的演說很好理解。

▶ 養成自己的風格

　　本書會介紹各式各樣的技巧，當你在學習這些技巧時，請仔細評估你是否真的需要。當然先拿來嘗試一下也無妨，但使用自己的表達方式，才是破除簡報恐懼的最有效方法。

　　你的表達方式不必特立獨行。有人擅長用華麗的演說和流暢的說詞，帶動聽眾的氣氛；也有人擅長用樸實的表達方式，來引起聽眾的共鳴。**當你找到適合自己的說話方式，就不會討厭上台演說了**。請各位嘗試書中的技巧，磨練自己的演說風格吧。

〈正確的模仿方法〉

 思考自己是否真正需要。

步驟二　模仿表達方式。

步驟三　有效再納為己用。

 重複這三個步驟，養成自己的表達風格。

用聲樂訓練改變說話方式

　　我的嗓音比較低，能發出的音域也不廣，偏偏我又想去卡拉OK唱一些高音歌曲，所以就去參加聲樂訓練的課程。每月上課一小時，回家也幾乎沒有練習，但上了三、四堂課以後，我的說話方式有很大的進步。

　　首先，聲樂老師告訴我一個道理，**人體本身就是樂器**。發聲不要光靠喉嚨，而是要讓身體的各個部位共鳴。例如讓鼻頭共鳴，或是讓肋骨共鳴。學完這些方法後，我可以輕易地發出宏亮的嗓音。由於發聲不仰賴喉嚨，我在研討會上長時間說話，聲音也不會沙啞。讓口齒更加清晰的哼唱練習，也是聲樂老師教我的技巧。

　　另外，**練習各種不同類型的歌曲，對說話方式也有很大的影響**。最初，我和聲樂老師探討歌詞的涵義，練習發出符合那種意境的聲音。臉部肌肉、表情和手勢也會影響聲音。在商務場合演說時，不是永遠都講好消息。尤其在講到實際狀況時，必須帶給聽眾真實的感受。事先做好聲音訓練，遇到這種情況就非常有利。

　　我剛開始參加聲樂訓練時，完全沒想到這對我的工作有幫助，對於擔任講師的我來說，這是一份貴重的資產。最近我還聽說，聲樂訓練也有養顏美容的效果。多活動臉部肌肉，臉會變得比較小，多嘗試感情呈現方法，表情也會變得更豐富，有宣洩情感的功效。

　　聲樂訓練不只對歌唱有益，對說話和美容也大有幫助，有興趣的朋友不妨嘗試看看。

Chapter

1

接受自己緊張的事實

緊張到結巴、 聲音發抖

我在簡報時超緊張，講話吞吞吐吐，上司也聽不懂我在說什麼。請問……我到底哪裡做錯了？

常見的七大煩惱

□ 屬於容易緊張的類型，所以討厭在人前說話。

…→ **製作一份「緊張指南」，善用緊張的好處**（第一章第一節）。

□ 一開口腦筋就一片空白，講話吞吞吐吐。

…→ **小聊幾句緩和現場氣氛，演說會更加輕鬆**（第一章第二節）。
撐過最緊張的前三分鐘（第一章第三節）。

□ 一想到別人在注視自己，就會面紅耳赤、汗流浹背。

…→ **準備抗緊張物品，並整理好服裝儀容**（第一章第四節）。

□ 聲音會抖，講話會咬到舌頭，音量不夠大。

…→ **用疼痛和哼唱訓練，解決聲音發抖的問題**（第一章第五節）。
簡單提升音量的方法（第一章第六節）。

□ 想注視對方的眼睛說話，但一對上眼就會緊張。

…→ **眼神接觸以七秒為宜**（第一章第七節）。

□ 快要上台時，手會發冷顫抖，而且口乾舌燥，緊張感有增無減。

…→ **聽前面的人演說，有助於緩解緊張**（第一章第八節）。

□ 簡報講究經驗，但每次上台還是緊張得要死。

…→ **排練比一百場實戰經驗更重要**（第一章第九節）。

本章目標

> **你** ……→ 學會控制緊張。
> **聽眾** …→ 讓對方察覺不出你很緊張。

製作一份「緊張指南」，善用緊張的好處

▶ 為什麼人會緊張？

各位一緊張會產生哪些狀況？

我在登台演講或對企業主報告的前一個月，就會產生身體僵硬或肩膀痠痛的症狀。另外還有胃痛、失眠和食慾不振等等，實際上台前還有手腳冰冷、口乾舌燥等狀況。

正式上台後我會汗流浹背，聲音發抖變調，四肢也跟著打顫。整張臉紅通通的，顏面肌肉也會抽搐，講話要不是吞吞吐吐，不然就是速度太快。總之，所有你想得到的症狀我統統都有。

這些症狀是正腎上腺素造成的，有提升專注力和個人能力的效果，可以幫助我們對抗不安和恐懼。**一般人都以為緊張是壞事，其實緊張是在幫助我們徹底發揮自己的能力。**

▶ 緊張會讓你的實力更勝平常

是否身心狀態放鬆的人，簡報水準就比較高超呢？其實不盡然。我見識過很多人的簡報和會議報告，有的人上台完全不緊張，抱持著隨便講講就好的心態，這種人的簡報都是講給自己爽的，底下的聽眾根本不懂他們在說什麼。

在應該緊張的場合不緊張，通常只有兩種可能。一是不看重自己得到的機會，二是害怕拿出真本事依舊難逃失敗的命運，所以乾

脆敷衍了事。這樣的簡報言不及義,而且也沒法敦促自己成長。

緊張代表你很重視那份機會,身心也進入了準備好的狀態。企業家和專業的運動員也同樣會緊張,正因為緊張,他們才能表現得比平常更好。

〈緊張是正腎上腺素,讓身心轉變成戰鬥模式的證據〉

▶ 製作一份「緊張指南」

雖說緊張是必要的,但緊張到吞吞吐吐,害對方完全聽不懂也不好。

不要排除緊張,要控制緊張你才會更上一層樓。不習慣控制緊張情緒的人,緊張就會像脫韁的野馬一樣,變得越來越不受控制。很多害怕簡報和演說的朋友,每一次上台都被緊張的壓力打垮,因此才會自信全失,認定自己沒辦法在人前演說。人一旦失去自信,就更不可能控制緊張的情緒。

我建議各位做一份「緊張指南」來控制緊張的情緒,所謂的緊張指南,就是你自己的緊張說明書。首先,你要如實寫下自己緊張

的症狀，事先了解症狀，就可以做好緩和症狀的準備和對策。口拙的人一出現緊張的症狀，馬上就會自亂陣腳，最後一敗塗地。事先準備好應對措施，你就不會過度害怕緊張，心情也能保持平穩。有一顆冷靜沉著的心，講話也會充滿自信。

　　寫下緊張的症狀後，請參考本章的內容製作一份緊張指南。下方就是緊張指南的範例，請比對自己的症狀和本章介紹的技巧，思考應對的策略，再歸納成這樣的圖表。

〈我的緊張指南〉

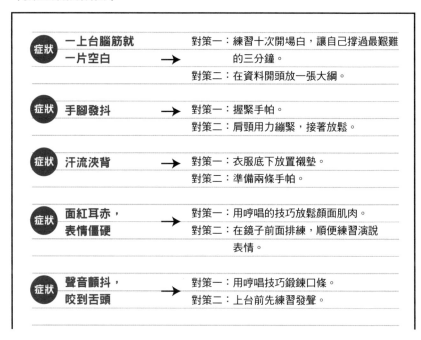

症狀	一上台腦筋就一片空白 →	對策一：練習十次開場白，讓自己撐過最艱難的三分鐘。 對策二：在資料開頭放一張大綱。
症狀	手腳發抖 →	對策一：握緊手帕。 對策二：肩頸用力繃緊，接著放鬆。
症狀	汗流浹背 →	對策一：衣服底下放置襯墊。 對策二：準備兩條手帕。
症狀	面紅耳赤，表情僵硬 →	對策一：用哼唱的技巧放鬆顏面肌肉。 對策二：在鏡子前面排練，順便練習演說表情。
症狀	聲音顫抖，咬到舌頭 →	對策一：用哼唱技巧鍛鍊口條。 對策二：上台前先練習發聲。

　　第一章會介紹對抗緊張的具體方法，但這一份指南是你自己的說明書，有找到好方法也請自己加上去。

　　日本盛傳一種緩和緊張的方法，就是先在手上寫三個人字，再吞進嘴裡。有些人很適合這種沒根據的傳說，也有人用了完全沒效

果。因此，你要做一份適合自己的指南。

　　緊張是你勇敢面對挑戰的證據，但這不代表你應該徹底消除緊張。那些功成名就或口才好的人，他們都有一套控制緊張的技巧。請準備好「緊張指南」，安心上台簡報吧。

〈緊張指南的內容要常更新〉

1 在緊張指南寫下煩惱

2 在緊張指南寫下解決方法

3 實際嘗試

　　有效→留在緊張指南中。
　　沒效→淘汰掉。

正式登台前
緊張不已。

在掌心寫下
「人」字三次，
吞進嘴裡。

▶ 尋找解決方法記入緊張指南中

　　萬一你找不到有效的解決方法，不如問一下其他人是怎麼做的。**我經常請教簡報技巧高超的上司和前輩，跟他們學習上台前控制緊張的方法。**

　　某一位前輩的演說很有說服力，據說他會站在鏡子前面，對自己說「我是一個很有影響力的人」。也有人會聽活潑或沉靜的曲子，提升自己的專注力。你在請教的過程中，會發現緊張的不是只有你一個，心情也會放鬆下來。

小聊幾句緩和現場氣氛，
演說會更加輕鬆

▶ 談論主題前先做一件事

在緊張凝重的氣氛中談話，連我都會緊張。因此，**在正式開始前先緩和現場氣氛，講起話來比較輕鬆。**

好比相聲表演或搞笑節目，就有專門炒熱氣氛的人。他們在正式開演前，先講輕鬆的笑話，帶動觀眾歡樂的氣氛。當然，在職場上演說沒辦法安排那種人，但你可以先緩和現場氣氛再帶入主題，這樣演說起來比較沒壓力，也有緩解緊張的效果。很多人在凝重的氣氛下，腦筋就一片空白，請記得先緩和氣氛。例如，在正式開始前先閒話家常。就像下面介紹的那樣，講個一、兩句就行了。

〈進入主題之前緩和現場氣氛的說話方式〉

對客戶簡報的場合

「今天早上雨下很大，各位來這裡時有遇到塞車嗎？」

「這邊的辦公室擺設整齊，又沒有多餘的物品，想必各位做事也特別方便吧？」

「聽說貴公司的企劃執行狀況不錯，不曉得實際如何呢？」

企業內部簡報，或跟單一對象說明的場合

「昨天的足球比賽很好看呢。」

「今天早上的新聞真令人驚訝。」

「昨天 A 公司的新聞稿，似乎引起廣大的回響呢。」

▶ 提問得不到回應怎麼辦

上面介紹一些關懷對方的提問和對話方式，這些問題對方比較願意答覆，而且有助於緩和現場氣氛，你也更好帶入主題。

當你面對群眾時，可能會擔心大家無回應。遇到這種情況時，你就回應自己剛才的提問。例如，你跟大家說「昨天颱風在下班時間登陸，相信很多人都很晚才到家。」結果底下靜悄悄，你就接著講「不過，今天各位齊聚一堂，看起來也都平安無事，真是太好了。」**在沒有回應的情況下，說出自己的感想就沒問題了。**

另外，有些聽眾會點頭回應，只是沒說出口。就以剛才颱風的例子來說，如果點頭回應的人很多，你就說「果然大部分人都被颱風耽擱了呢。」反之，點頭的人很少，你就改答「看樣子大家也沒受到影響，真是太好了。」先觀察狀況，再說出你的感想。

〈緩和現場氣氛的話題〉

撐過最緊張的前三分鐘

▶ 前三分鐘的準備功夫決定成敗

緩和了現場的氣氛，你還是有可能在切入主題以後，再次陷入緊張的情緒中，腦筋變得一片空白。

據說，正式演說的前三分鐘，是緊張感最強烈的時候。各種緊張症狀會在這「恐怖的三分鐘」達到巔峰，你會忘記自己要講什麼，沒心思顧及聽眾的反應，整張臉面紅耳赤，全身大汗淋漓，手腳不停發抖等等。連續被各種症狀衝擊三分鐘，你就會開始自亂陣腳，再也擺脫不了一敗塗地的感覺。反過來說，**只要撐過這三分鐘，你就會冷靜下來，在結束前都能保持鎮定**。要撐過這恐怖的三分鐘，除了善用緩和氣氛的方法外，你還要反覆練習，讓自己在任何狀況下都能侃侃而談三分鐘。

由於工作性質的關係，我經常要對陌生人演說，一開始我都會先自我介紹。最初的一分鐘先表達關懷，剩下的兩分鐘自我介紹，事前最少要練習三次再上台。如此一來，**就算腦筋一片空白，也不會愣在台上一句話都說不出來**。

如果彼此已經很熟了，不需要自我介紹，那你就大略解說今天的簡報概要。反覆練習最關鍵的部分，實際上場時就輕鬆多了。

▶ 幫助你冷靜度過三分鐘的練習法

請盡量在各種場合練習演說，比方說一大早醒來，就在床上練習一下，或是站到鏡子前面練習微笑。前往公司的路上，也可以邊走邊默念演說的內容。在無人的會議室或同事面前也是不錯的練習機會，總之一有空檔就要反覆練習。如果簡報時要用到麥克風，不妨去卡拉 OK 的包廂練習一下，很多講師和業務員都會去卡拉 OK 的包廂排練。

在各種情境下熟記簡報內容，你遇到任何狀況都會有自信。正式登台演說，也可以很自然地說出簡報內容。只在家裡練習的話，一旦演說的情境改變，你很有可能突然忘詞。

在卡拉 OK 包廂或會議室，一邊踱步一邊練習特別有效。這有助於你習慣演說的情境，你會注意到一些有趣的現象，哪怕演說過程中稍有不順，也不會一句話都說不出來。練到這樣的境界，就算緊張到腦筋一片空白，也能安然度過最初的三分鐘。

〈前三分鐘該說的內容〉

| 對外 | 閒話家常 ＋ 自我介紹 | 三分鐘 |
| 對內 | 閒話家常 ＋ 簡報概要 | 三分鐘 |

利用空閒時間多加練習。

早　　　中　　　晚

卡拉 OK

準備抗緊張物品，
並整理好服裝儀容

▶ 抗緊張對策：隨身攜帶物品因應

　　扭轉你對緊張的壞印象以後，不代表身體不會出現緊張的症狀。不過，只要做好因應緊張的措施，心情就會平復。有演說經驗的專業人士，也會做好因應緊張的措施。下列提到的隨身物品，請各位準備自己想用的就好。

〈預防緊張症狀的物品〉

- ☑ 手帕　　　　容易流汗的人，請準備兩條手帕。
- ☑ 涼感毛巾　　特別容易臉紅的人，可用預防中暑的商品幫助降溫。
- ☑ 暖暖包　　　我緊張時手指會發冷，因此口袋裡會偷藏暖暖包。
- ☑ 水　　　　　演說前先喝水潤喉。
- ☑ 喉嚨噴劑　　冬天空氣乾燥時，不妨到盥洗室噴一下。
- ☑ 小型遙控　　可以遠端操縱PPT的遙控，使用圓環狀比棒狀的要好，
　　　　　　　　這樣台下的人看不出你手指發抖。
- ☑ 精油用品　　聞一下迷迭香、薰衣草或柑橘類精油，有鎮靜效果。

▶ 抗緊張對策：服裝

　　抗緊張的服裝對策主要有三點，第一要穿令人有自信的衣服，

第二要保持儀容整潔，第三要小心腋下汗漬。

穿上讓你有自信的衣服，不是為了追求時髦打扮。英國赫特福德大學的卡蓮・派因教授做過一個研究[*]，證實衣物對自信有很大的影響。穿上令人有自信的衣物參加考試，分數會比穿上令人沒自信的衣物要來得高。有的人是靠西裝，有的人是靠質料高級的衣服，也有人是靠喜歡的顏色。請準備可以讓你信心大增的服裝。

第二是保持儀容清潔，就算你穿上了令人有自信的衣服，如果衣服骯髒凌亂，會給聽眾不好的印象。況且在簡報時發現衣服有髒汙，也會害你信心全失。請在明亮的地方確認衣服是否乾淨。

第三是留意腋下汗漬，請選擇腋下流汗也看不太出來的衣服。當你穿上淡灰色系的外套或衣服時，腋下流汗很容易看出來，這時候請先墊一下防汗墊。

〈服裝儀容的注意事項〉

最好不要用活動時頭髮會貼在臉頰的髮型。

近距離演說的情況下，要選擇材質良好的衣服。

在大型會場要穿亮色系的衣服（選擇黑色或灰色，台下的人看不清你在哪裡）。

注重清潔感，瀏海不要蓋到眼睛。

選擇不容易看出汗漬的衣物。

在明亮的地方確認衣物有無髒汙。

[*]資料來源：卡蓮・派因「Mind What You Wear」（Kindle）

用疼痛和哼唱訓練，
解決聲音發抖的問題

▶ 用疼痛解決聲音發抖或走音

　　聲音發抖、走音、咬到舌頭……大部分人都有類似的煩惱。當你發現自己有這些問題時，會更緊張。

　　有一個對症下藥的簡單手法，就是用疼痛讓自己忽略緊張感。人在緊張時，注意力會被緊張占據，滿腦子想的都是自己很緊張。所以你要刺激身體某部位的痛覺，分散自己的注意力，以下就介紹幾個方法。

〈抑制聲音發抖或走音的方法〉

●捏自己的手臂或大腿。

●拿筆戳自己的手。

●用力握拳再張開。

●用力握緊手帕。

●用腳跟踩另一隻腳的腳趾。

●肩膀用力往上提再放下來。

　　相撲力士會用力拍打自己的臉頰，格鬥技選手在比賽前，教練

也會用力拍打選手的背，這些都是藉由痛覺分散緊張感，讓選手專注在眼前的賽事。簡報時拍打臉頰太不自然，所以請找一些比較自然的方法，刺激自己的痛覺吧。

另外，聲音發抖代表你發音不夠確實。要矯正自己的發音，傳統的做法是用腹式呼吸從丹田發出聲音，但要學會這一招並不容易。**最簡單的方法是挺直背脊，小腹用力。**做出這個姿勢以後，再發出聲音試試看。聲音絕對會比駝背時更加平穩。

〈簡單抑制聲音顫抖的方法〉

③ 發出聲音　①挺直背脊　②小腹用力

注意！
千萬不要駝背。

▶ 講到重點時不能吃螺絲

說話口齒不清的原因是講話速度太快，口條不好的人只要慢慢發音，就算是講繞口令也不會吃螺絲。試著慢慢唸「吃葡萄不吐葡萄皮」這句話，是不是就不會吃螺絲了呢？我個人認為吃螺絲不是多大的問題，關鍵字句講得不清不楚才是問題。請不要把吃螺絲想

得太嚴重，講到關鍵內容時，放慢語速就好。

▶ 用哼唱法迅速提升口條

口條不好的人說話容易卡卡，一般說到促進口條的方法，大家都會聯想到舞台劇團的訓練技巧。不過，只有擅長控制顏面肌肉的人，使用那種方法才有效果，普通人使用缺乏速效性。

最快速有效的方法是「哼唱法」。所謂的哼唱，就是閉起嘴巴哼小調的意思，這一招對增進口條很有效。首先請緊閉嘴唇，最好閉到連嘴唇都看不到，然後在嘴裡說出「各位聽眾早安，今天我要報告本部門的營收狀況。」聲音要盡量清晰一點，實際嘗試過以後，你會發現自己的口條變得很好（沒有這種感覺的人，請更用力閉緊嘴唇，清楚地說出那句話）。

這個技巧的用意是刺激嘴部周圍的肌肉，刺激過肌肉以後，嘴巴動起來就更靈活了。建議各位登台前，先去廁所練習一下。

聲樂老師教我這一套方法後，我的口條馬上就變好了。後來，我的研修課學員都說，說話聲比以前更清晰。因此，我也把這一套方法融入課程中，**大家的口條也大有進步，就連他們的親朋好友都被嚇到，覺得他們講話方式變得判若兩人。**短短幾分鐘就有很棒的效果，請各位務必嘗試看看。

尤其在你緊張的時候，或是一大清早肌肉僵硬的時候，聲帶和口中會特別乾燥，很難發出清晰的聲音。請先喝口水潤喉，再用哼唱法練習，這樣你正式登台就能發出清亮的聲音，帶給聽眾良好的印象了。

〈哼唱步驟〉

1 緊閉嘴唇。

重點

用力閉好，
最好連嘴唇都看不到。

2 閉著嘴巴練習發聲。

重點

練習你想要
清楚說出來的內容。

3 張開嘴巴，像平常那樣說話。

重點

沒感覺到效果的人，
回到步驟一，
更用力閉上嘴巴，
練習發聲。

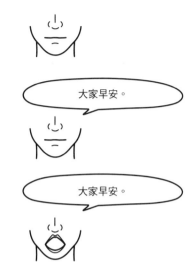

大家早安。

大家早安。

〈早上不好發出聲音的理由〉

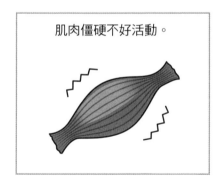

肌肉僵硬不好活動。

聲帶或口中乾燥。

喝一口水，
用哼唱法即可解決！

6

 想緩和緊張

 想獲得認同

 想學會適當
的表達方式

 想要掌握
簡報要領

 想說服對方

想避免
失誤

簡單提升音量的方法

▶ 聲音不夠大會缺乏自信

　　口才不好的人多半也有聲音不夠宏亮的缺點，我本身也不擅長發出宏亮的聲音，而且嗓音低沉又不夠清晰，在人多口雜的地方說話非常辛苦。另外，不少女性會用假嗓說話，這主要是說話的氣音大過嗓音的關係，雖然聲音聽起來很溫柔，但終究不夠清亮。

　　聲音小會給人沒精神、沒幹勁的印象。萬一對方聽不到你在講什麼，叫你重講一次，你會覺得對方是在指責你，信心也將蕩然無存，陷入更緊張的情緒中。

　　那麼，什麼樣的聲音才叫好呢？除了音量要夠大以外，音質也要明亮清晰，有這兩大要素就能增強你的說服力。**以下介紹三種方法，能幫助你在簡報時提升音量。**

▶ 增加音量的三大技巧

① 把聲音傳遞到對方身後

　　比方說，一公尺外站了一個人，你在發聲時要想像對方站在兩、三公尺外。聲音小的人都以為自己的講話音量夠大，事實上不然。**把傳遞聲音的位置設定得遠一點，聲音自然就會變大了。**

② 用清亮的聲音說出第一個字

　　每一句話的每一個字都要大聲說，這種壓力會讓人感到疲勞。

其實第一個字加大音量就夠了，這樣下一個字的音量自然會變大。例如「早安您好」這句話，「早」這個字請用清亮的嗓音說出來。如果你一開始用平常的音量說話，中途才提升音量，聲音容易顫抖，也會顯得不自然。第一個字要盡量發出清亮的聲音，這樣整段話的印象會為之改觀。

③ 使用身體發聲

身體的動作和聲音是互相連動的，**請做出朝遠方投球的動作，同時說出「早安您好」這句話，你會發現聲音比身體靜止不動時還要大**。歌手在唱高音時高舉手臂，在輕柔歌唱時向前伸出手臂，那並不是擺好看的動作，而是要讓自己的聲音更容易發出來。像我在吵鬧的下課時間宣布下一堂課要開始時，會先把手招到嘴巴旁邊，做出類似大聲公的形狀，接著再大喊「要上課嘍！各位準備好了嗎？」聲音宏亮的男性講師，也都是用這一套方法。請各位善用身體發聲吧。

〈加大音量的三種方法〉

① 把聲音傳遞到對方身後。

② 用清亮的聲音說出第一個字。

早安。

③ 使用身體發聲。

聲音

7

想緩和緊張

想獲得認同

想學會適當
的表達方式

想要掌握
簡報要領

想說服對方

想避免
失誤

眼神接觸以七秒為宜

▶ 如何做出自然又有效的眼神接觸？

很多人一看到對方的眼睛就會緊張。的確，注視對方的眼睛可以增加你說話的可信度，**但你沒必要一直盯著對方的眼睛**。你說話的過程中，只要有一、兩成的時間盯著對方的眼睛，就算是有眼神接觸了。話雖如此，一直盯著資料或簡報畫面，也會給人缺乏自信的印象。下面就來介紹一下，如何進行自然的眼神接觸。

① 身體面向對方

如果你的身體面向螢幕或資料，對方會覺得你不是在跟他講話。就算沒有眼神接觸，你的身體也要面對聽眾。

〈注意身體方向〉

不要面對螢幕！

要面對聽眾！

② 看著喉嚨到嘴巴一帶

其實不必真的直盯雙眼，身體面向對方，再看著對方的喉嚨一帶就 OK 了。有些人也不喜歡一直被盯著，一對一交談時，你可以趁改變話題時，把視線從對方身上移開。好比改變話題時，先請對方看手中資料，然後你自己的視線也轉移到資料或螢幕上就好。

另外，**有時候對方可能會抄筆記或陷入沉思，這種情況下不要一直盯著對方比較好**。視線稍微移動到對方的嘴巴一帶即可。

③ 在關鍵時刻凝視對方雙眼

講到重要部分時，就要好好善用眼神接觸了。請鼓起勇氣，勇敢正視對方的眼睛吧。

當然，**你也可以看著資料以免講錯，但說完以後請確實看著對方的眼睛**。整場簡報一定要在講到重點時，盯著對方的眼睛。

④ 轉移視線

倘若聽眾有好幾個人，每當話題告一段落時，請把身體和視線面對不同的聽眾。始終面對同一個聽眾，其他聽眾會產生一種疏離感。你也不用每隔幾秒就變換方向，在變換話題或講到下一頁時，轉一下身體的方向就好。

眼神接觸的時間長短也是有意義的，視線在每個人身上平均逗留一秒左右，大家會覺得你很重視每一位聽眾。直視對方的時間越長，越能表達你的誠信、自信、熱忱。眼神接觸以三秒到五秒為宜，萬一對方沒有看你，你的眼神接觸最多不要超過七秒。

▶ 聽眾提問時更應該注視對方

你在說話時不必一直注視對方，但對方提問或發表意見時，請好好看著對方的眼睛。這樣對方會覺得，你有包容其他聲音的雅量，是一種很有效的眼神接觸。**如果你在這種時候轉移視線，你的答覆會給人避重就輕，不夠誠懇的印象。**第五章會介紹如何答覆聽眾疑問，請先好好注視對方，再來回答問題。

在會議室之類的空間做簡報，你必須注視不同的對象。

剛開始簡報的時候，要特別留意。一開始你可能非常緊張，但請好好環視每一位聽眾。不要只看附近的聽眾，連後方的聽眾也要注視。之後，每隔五～七秒，視線要轉移到下一個人身上。

接著介紹視線的移動方式，在空間不大的會議室或會場，依序看向中央→左邊→右邊。若是左右兩邊比較狹長的會場，請用 M 字形的方式掃視會場。依序看向左前方→左後方→中央→右後方→右前方。也就是用之字形的方式移動視線，環視整個會場。如果是在巨大的廳堂簡報，請在心中把會場切成九宮格，然後用 8 字形的方式移動視線，這樣所有聽眾會感受到你在對他們說話。

最初還不習慣的時候，也不用一直強迫自己注視每個人，但請不要盯著同一個對象。沒被你注視的人，注意力會逐漸渙散。你只要讓大家知道，你重視每一位聽眾就好。在轉移視線時，稍微改變一下身體的方向也好。

〈眼神接觸的重點〉

你要凝視的位置

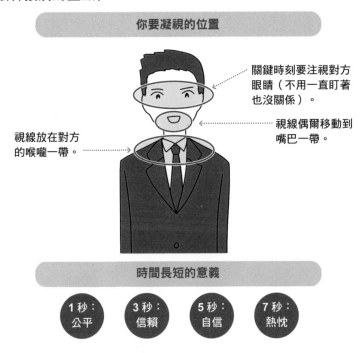

關鍵時刻要注視對方
眼睛（不用一直盯著
也沒關係）。

視線偶爾移動到
嘴巴一帶。

視線放在對方
的喉嚨一帶。

時間長短的意義

| 1秒：公平 | 3秒：信賴 | 5秒：自信 | 7秒：熱忱 |

〈眼神接觸的方式〉

POINT
身體面對聽眾。

POINT
話題告一段落，
要轉移視線。

POINT
注視喉嚨到嘴巴一帶。

POINT
在關鍵時刻注視
對方的眼睛。

聽前面的人演說，有助於緩解緊張

▶ 冷靜下來才能看清周遭狀況

在會議上演說、參加面試、自我介紹，不管你面對的是哪一種情境，在等待自己出場的時候總是特別緊張。你根本沒心情聽前面的人說什麼，只顧著思考自己該怎麼講才好。其實在這種情況下，你更應該仔細聆聽他人的演說，理由有以下三點。

第一，你可以把注意力轉移到其他事情上，緩和緊張的情緒。前面也提到，轉移注意力是抑制聲音發抖的有效方法。當你滿腦子都在想自己很緊張，你就更不可能放鬆了。

請觀察前面幾個人的說話方式和內容，還有他們演說的舉止和其他要素。你會發現彼此的共通點，對別人的話題逐漸感興趣，緊張的情緒也就跟著緩解了。

我以前缺乏經驗的時候，也是緊張到沒心情聽別人演說。不過，你只要點點頭附和一下對方的說詞，假裝認真聆聽，就會逐漸產生興趣，仔細聽對方在講什麼了。**你會在不知不覺間恢復冷靜，開始看清周遭的狀況**。你可以看出聽眾感興趣的部分，連同他們的反應都瞭若指掌。

與其呆坐在原地等待自己出場，不如稍微活動一下身體，讓自己的視野更加開闊，這樣演說起來會比較容易。

▶ 讓前面的演說者，成為你的支持者

第二個理由是，等到你出場演說的時候，前面的人會成為你忠實的聽眾。好的聽眾對每個人來說都是可遇不可求的存在，**所以你先認真聽別人演說，等到你出場的時候，對方有很高的機率會成為你忠實的聽眾**。根據回報性原理的說法，當我們獲得善意的對待，也會想要好好善待對方。如果你希望對方專心聆聽你的演說，你自己也要專心聽別人演說，並且多給一點回應。

▶ 輪到你時先說一句「再來請各位聆聽賜教」

開場先來一句「再來請各位聆聽賜教，大家好，我叫○○。」有改變現場氣氛的效果。就算整個會場死氣沉沉，你的開場白可以帶給聽眾期待感，底下的人也會比較樂意聽你演說。

第三個理由是，你可以把別人的演說內容，活用於自己的演說。當然，這個技巧有一些難度。比方說，你可以稍微提一下別人演說的話題，稱讚別人的演說內容很棒，讓你感同身受等等。**在開場問候或說明時，談到之前的話題，等於是向其他人宣示，你確實理解他們的演說內容。**

〈聆聽其他人演說的三大理由〉

嗯嗯、原來如此……

演說者　　　　　　　　　　聽眾

① 讓自己冷靜下來，分析周圍的狀況。
② 讓更多人專心聽你演說。
③ 在演說中融入其他人的話題，營造出一種誠懇的形象。

排練比一百場實戰經驗更重要

▶ 靠排練克服緊張

俗話說，簡報看重的是實戰經驗，但不肯動腦的人，累積再多經驗都不會進步。況且，把聽眾當成累積經驗的練習對象，未免太過失禮。在職場上演說是要承擔責任的，你必須事先排練，才能以最棒的狀態登台演說。問題是，很多人根本沒有排練的習慣。

我剛當上經營顧問時，跟很多簡報高手共事過，他們的技巧好到我自嘆不如，我以為那是自己缺乏才能的關係。直到有一次，**我才發現他們事前會反覆排練。**

那些簡報高手會獨自躲在會議室裡練習，或是找幾名夥伴參與排練，徵求大家的意見。這一次經驗讓我深刻體認到，那些高手都認真練習了，我這種不擅長說話的人，更應該拚命練習才對。後來我不只自己練習，還會主動陪團隊成員練習。一開始在同伴面前練習難免會害羞，但練久了以後，我懂得去思考更上一層樓的方法。到頭來，我本人和整個團隊的實力都進步了，正式登台演說也能侃侃而談，排練當真挽救了我的事業。

▶ 留下紀錄，尋求反饋

自己一個人練習時，請用手機拍下動畫，留著事後檢討用。有些人可能不好意思看自己演說，但你實際登台簡報，別人也會看到你演說的樣子。事先確認自己演說的技巧，改善說話和舉止上的缺

陷，這也是一種禮貌。自己檢討完後，請在同伴面前排練，尋求他們的意見，這樣正式登台就不會緊張了。你要請同伴老實說出感想，人家才敢暢所欲言。**正式簡報時聽眾肯定會提問，所以在排練時練習問答，真的遇到問題就不會慌張了。**

▶ 在正式演說的地點排練

如果可以的話，最好在正式演說的地點排練。否則到陌生的場所登台演說，緊張的情緒很容易發作。先在正式環境練習好，實際登台就不會緊張了。請確實發出聲音練習，看看自己的聲音能否傳到後方的座位。然後，拿出投影機播放資料影片，確認最後面的位子能否看清字幕。**若無法在正式環境練習，光是站在那裡確認一下環境，就能保持冷靜了。**

〈排練時的重點〉

☐ 音量和說話方式是否清晰？

☐ 說話方式和動作有沒有壞習慣？

☐ 說明是否簡單易懂？

☐ 有沒有應付提問的準備？

☐ 後面的人能否看到投影機的畫面？

改掉簡報壞習慣

　　我知道各位不喜歡拍下自己說話的樣子，但你們務必嘗試一下。如果要檢討說話方式，其實光靠錄音就夠了。**錄下演說的動畫，可以讓你發現無形中養成的壞習慣或動作**。以下就舉一些常見的例子。

〈簡報時要注意的四大壞習慣〉

① 姿勢上的毛病	② 動作上的毛病
・身體的重心傾斜。 ・腦袋朝左邊或右邊偏。 ・雙手環胸。	・不斷撫摸特定的東西。 （例如手錶、鼻子、頭髮、釦子、腰帶等等） ・捲起手中資料，或不斷翻閱資料。 ・太常點頭。
③ 表情上的毛病	④ 視線上的毛病
・莫名其妙傻笑。 ・面無表情。	・偷偷看錶。 ・視線在天花板或地板上亂飄。 ・只注視某一點。

　　有些壞習慣是無形中養成的，有些是緊張時才會表現出來。

　　各位不必努力運用肢體語言或眼神接觸，**光是消除這些壞習慣，就可以給人儀態良好的印象了**。只要注意到壞習慣，你自己就會慢慢矯正過來。請各位忍一時痛苦，拍下自己演說的動畫好好檢討吧。

Chapter
2

改變說話方式
提高說服力

為什麼我說什麼都被否定？

有時候，你對自己的提案很滿意，但上司對你提出的方案不感興趣。結果，你同事提出的方案反而獲得上司青睞，明明兩人的方案相去不遠，何以有如此大的落差？

常見的八大煩惱

☐ 總覺得自己的話無法打動人心。

…➔ **使用鏗鏘有力的語言表達主張**（第二章第一節）。

☐ 講到後來聽眾意興闌珊……

…➔ **講話要有節奏，演說才會引人入勝**（第二章第二節）。

☐ 講話太拘謹也不行，太直接又顯得失禮……

…➔ **正確使用謙敬語**（第二章第三節）╱**使用緩衝詞彙**（第二章第四節）。

☐ 明明你跟同事講一樣的東西，但聽眾的反應不怎麼熱絡。

…➔ **說話方式要給人正面的印象**（第二章第五節）。

☐ 聽眾常常聽不懂你在講什麼，要你重講一次。

…➔ **要讓聽眾了解你說話的意義**（第二章第六節）。

☐ 聽眾常常跟不上你的話題，不曉得你在講哪裡。

…➔ **演說要顧慮聽眾，以免對方跟不上**（第二章第七節）。

☐ 腦筋一片混亂，不曉得自己到底想講什麼。

…➔ **製作簡單易讀的投影片**（第二章第八節）。

☐ 投影片做好了，卻不知該如何解說。

…➔ **三種既定架構，簡報無往不利**（第二章第九節）。

本章目標

（你）……➔ 讓聽眾明白你想表達的事情。

（聽眾）…➔ 覺得你的話題好理解。

使用鏗鏘有力的語言表達主張

▶ 避免使用形容詞或副詞

　　空有滿腔熱忱，不見得能打動對方。例如，你用熱情的口吻說「整潔非常重要，整潔的環境會給人十分深刻的印象。」對方聽了這種說法，也不會乖乖照你的意思去做。因為你的說法太過籠統，缺乏具體性。**你得去除「非常」或「十分」這一類曖昧的形容詞或副詞，對方才會重視你說的話。**

　　你要舉出具體數據和比較對象，好比「A 方案耗費的時間只要 B 方案的一半，而且有兩倍成效。C 公司採納以後，半年內營收增加 1.5 倍。」這樣對方才會明白重要性，不會搞錯輕重緩急。

▶ 簡單的詞彙才有真實性

　　除了形容詞、副詞以外，我們常會用一些「模稜兩可」的空泛詞彙。舉個例子，大家常說要改善溝通方式，這裡的「溝通」就是模稜兩可的詞彙。到底什麼叫改善溝通？增加對話的次數嗎？還是要好好打招呼？用這樣的方式說話，對方無法了解你的意思，我再舉幾個例子給各位參考。

改用確切的字眼

‧ 要做出聰明的決策。

　→各單位要事先詳查問題，決定問題的輕重緩急。

- 提升品質。

  →改善產品的四大問題，符合品管標準。
- 要做有附加價值的工作。

  →商品不只要耐用，還要講究美觀和舒適感。
- 提出創新的方案。

  →提出的方案要滿足客戶需求，並改善先前的缺失，讓下一個企劃更加完善。

　　抽象的詞彙，大家只會當耳邊風，聽過就忘。

　　當你快要使用抽象詞彙的時候，請用 5W1H 的要訣來演說吧。也就是用固有的名詞和確切的數字，點出對象、時間、場合、數量（價格、人數等等）、方法。也不用每一項都講，講特別重要的那幾項就夠了。

　　如果你還是忍不住用修飾語或空泛的詞彙，那並不是你的說話方式有問題，而是提案和報告內容本身不夠精確。你不曉得該傳達哪些重點，只好用模稜兩可的詞彙來說明。要避免這種狀況發生，請確實精煉報告的內容，詳情留待第三章詳述。

〈5W1H 的思維〉

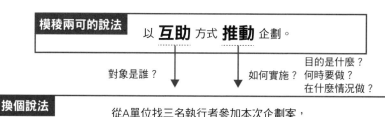

講話要有節奏，
演說才會引人入勝

▶聽眾開始意興闌珊時，要先暫停

當我們看到聽眾一臉無趣的表情，會急著說更多話來挽回頹勢。可是，聽眾的專注力無以為繼，主要是你講話缺乏節奏感的關係。在音樂的世界中，休止符有很重要的作用，演說也是同樣的道理。請各位保持一些「空檔」，不要一直說個沒完。空檔分成以下三種。

第一是「理解的空檔」，空出一段必要的時間，讓聽眾吸收你剛才講的話。這就形同文章裡的逗點或句點，大約空個一、兩秒就行了。有了這一段時間，聽眾就可以消化你剛才講的內容。

> 「這一項服務有三大功能（空一秒），分別是社群功能（空○·五秒）、聊天功能（空○·五秒）、分享功能（空一秒）。」

第二是「強調的空檔」，在你說出關鍵字的前後，醞釀一下這裡是關鍵的氣氛。

> 「這項企劃的核心概念（空兩、三秒），就是給顧客選擇的機會（空一、兩秒）。」

在你想要強調的關鍵字前後，**稍微留下一點空檔，有突顯其重要性的效果。**

第三是「**專注的空檔**」，你要給聽眾思考的空檔，來吸引他們**的注意力**。也就是提出一些疑問，給他們思考的時間。

> 「各位知道為何這個企劃有效嗎？（空三到五秒）」

提問後空出三秒以上的時間，聽眾會開始思考答案。為了知道謎底，他們會更專心聽你講話。你要是忍受不了沉默的氣息，不妨在心中默念三到五秒。

不擅言詞的人都以為沉默是壞事，但一直講個不停反而不好。只要懂得善用空檔，不必使用太多繁複的言詞，對方也能聽懂你要表達的重點。

▶ 在演說過程中確認聽眾理解的程度

萬一你留下空檔後，聽眾還是一副興趣缺缺的模樣，演說請先告一段落，確認一下聽眾是否了解你剛才講的內容。

> 「前面講的這些部分，各位是否了解呢？」
> 「關於前面的內容，還請各位發表一下見解。」

這樣做一方面是要喚起對方的興趣，一方面也是讓聽眾了解你到底想講什麼。否則聽眾在不明就裡的情況下聽完，也只是浪費彼此的時間。

▶ 每一句話不要太長

除了留下空檔，縮短每一句話會讓你的演說更有節奏感。這就好比一篇文章要分段，讀者才好理解當中的內容。

一段話當中有了主詞和述詞就該分段，而不是看內容長短來分段。接著，用連詞串聯各個短文，讓對方了解談話的方向性。比方說，當我們談起某件事，之後再加上「可是」這兩個字，聽的人就會聯想到性質相反的事物。用稍微大一點的音量說出連詞，你的談話聽起來會更有節奏。不習慣用連詞的讀者，請參考下方列表。

▶ 講話不要太快

很多人一緊張講話速度就會變快，除非你的口條非常好，內容又條理分明，否則講話速度快並沒有好處。這裡介紹兩個放慢速度的技巧，第一是放慢身體動作，好比慢慢走幾步、慢慢做些手勢等等。第二是張大嘴巴說話，講話速度和肢體動作是互有關聯的，放慢其他部位的動作，講話速度自然會變慢。

〈連詞分類表〉

大項	中項	連接方式	範例
邏輯	順接	連接原因和結果	所以、因此
		連接假設／原因和結果	否則、不然
	逆接	連接與前提相反的事物	不過、可是
		連接出乎意料的事物	儘管、卻

整理	並列	追加	於是、後來
		累積	何況、除此之外
		附加條件	暨、以及
	對比	前後文的文意相反	反之、反過來說
		前後文的文意相當，但有相左或比對之處	相對地
		串聯複數選項	或者、又
	列舉	以排序或重要度串聯	第一、第二、第三
		以時序、排序、重要度串聯	起初、一開始、首先、其後、最後
賦予意義	置換	換個說法	簡言之、換句話說
		否定前面的說法，後面再換個說法	與其、並非
	事例	串聯抽象的前文和具體的後文	比如、具體來說、實際上
		把特別符合前文的例子串聯起來	尤其、其中
	補充	把理由和前文串聯起來	理由是、由於
		在後面的段落，闡述前文的成立條件、例外、不足之處、相關資訊等等	只不過、順帶一提
展開	轉換	預告前後文的主題不同	話說回來、姑且不論
		預告即將進入主題	那好、接下來
	結論	歸納前文，預告即將提出最終結論	最終、以上
		對前文的各種意見，提出大致的結論	總之、無論如何

資料來源：石黑圭的連詞表

正確使用謙敬語

▶ 不要用太多謙敬的詞彙

跟上司或客戶報告時，我們都希望展現溫良有禮的一面，結果講話反而變得吞吞吐吐。與其用一些錯誤的謙敬詞彙，不如**用單純又拘謹的口吻，這樣比較有說服力，聽起來又不會太難懂**。以下就舉一些常見的錯誤範例。

首先是語言癌的問題，例如「請容我開始向各位說明一下。」這句話當中有太多贅字，直接說「我向各位說明一下」就好。

順帶一提，只有在徵求對方許可的情況下，才要用「請容我」這個詞彙。比方說，對方正在說話，你想要提問的話，就要說「不好意思，請容我打個岔。」

況且，大部分的簡報其實就是一種演說，**最好不使用太多謙敬的詞彙，否則聽起來不夠鏗鏘有力**。

▶ 不要對別人用自謙的詞彙

另外，有一些詞彙本來是自謙在用的。例如「拜會」一詞，你不能用「到時候請各位前來拜會。」這就是錯誤的用法。

▶ 不要用打工仔的說話方式

還有一些奇怪的謙敬詞彙，在服務業已經用成了常態，但在商場上最好不要使用。例如「那我們來做一個打開資料的動作。」這

就是錯誤的語法，聽起來也不自然。

▶ 平日講話就要注重禮貌

在重要場合才用有禮貌的方式說話，聽起來會很不自然。有禮貌的說話方式，不該只用在重要的場合或對象上，這是在彰顯你本人是一個有良知的生意人。

當然，語言會隨著時代演化。不過，上述的錯誤範例還是有很多人聽不習慣。**在語文素質低落的時代，正確使用語文可以增加你的說服力和信用**。平常要習慣正確的說話方式，簡報時才不會說得七零八落。

〈遣辭用句的要點〉

①**不要語言癌**

BAD 請容我開始向各位說明一下。　　GOOD 我向各位說明一下。

②**不要對別人用自謙詞彙**

BAD 到時候請各位前來拜會。　　GOOD 到時候我們會恭候大駕。

③**不要用打工仔的用語**

BAD 那我們來做一個打開資料的動作。　GOOD 請翻開手中資料。

使用緩衝詞彙

▶ 用緩衝的詞彙化解衝擊性

有時候我們想表達的主張或問題，可能會給對方造成負擔。心直口快地說出來可能會傷害到對方，又顯得很失禮。這種情況下，請加入一些緩衝的詞彙。

〈溫和表達的緩衝詞彙一覽〉

拜託對方的時候
「不好意思。」、「如果方便的話。」、「您有時間的話。」、「麻煩您了。」
提問的時候
「冒昧請教一下。」、「還請您釋疑。」、「為避免誤會，請容我請教一下。」
督促對方的時候
「可能要再次麻煩您確認一下。」、「也許是我接收的訊息有誤，麻煩您確認一下。」
拒絕、反對的時候
「很抱歉。」、「很遺憾。」、「很不巧。」、「還望您體察。」、「請您諒解。」、「幫不上忙實在抱歉。」

不過，這一類詞彙太常用也會給人軟弱的印象。**有要事相求的情況下，或是有要事強調的情況下再用就好。**

▶ 事先預防對方反駁

另外，當你提出對方難以接受的事情時，很有可能遭受反駁。**你要事先告訴對方，你可以理解對方有不同的看法，這樣你的意見比較容易被採納**。也就是先打個預防針，以免被對方攻擊。

〈化解反駁的話術〉

萬一對方反駁「你的論述不合常理。」

「一般來說確實是這樣沒錯，但從〇〇層面來看，並不適用於這次的狀況。」

萬一對方反駁「你的提案效益不高。」

「的確，這次的企劃效益規模不大，但廣納新的客源，未來才有成長空間。」

對方可能會擔心「你的方法有問題。」

「我明白，各位擔心這個方法曠日廢時。不過，我跟〇〇商量過後，他認為穩紮穩打有助於緩和基層的不安。」

 先不要急著否定，而是包容對方的意見！

像這種緩和詞彙和預防針，等於是在告訴對方「我明白你的疑慮和不安」。說出難以啟齒的事情並不容易，因此稍微用一點巧思，你的意見才會被採納。

5

 想緩和緊張

 想獲得認同

 想學會適當的表達方式

 想要掌握簡報要領

想說服對方

 想避免失誤

說話方式要給人正面的印象

▶ 多用正面的表達方式

　　語言是有力量的，常把負面字眼掛在嘴邊的人形象也不太好，因此意見容易被否決。話雖如此，處理工作不可能只講好聽的話，**但稍微換一個說法，接受度會大大不同**。請各位善用正面的表達方式，不要用負面的詞彙說話。

〈把負面說法轉換成正面說法〉

負面說法	正面說法
辦不到。	有這幾項條件就辦得到了。
沒辦法。	換個方法您看如何？
總之照 A 方案進行就對了。	我們先嘗試 A 方案吧。
我不用 A 方案。	換 B 方案試看看吧。
這有問題。	這或許有改善的空間。
這個市場根本沒潛力。	我們已經驗證這個市場的飽和度了。
A 公司根本沒做出成績。	A 公司是我們不熟悉的企業。
不要用過時的設計風格。	這是比較普遍／傳統的設計風格，我們以後再考慮使用吧。
這種企劃大家不會喜歡。	這是比較特殊的人／愛好者才喜歡的企劃。
這活動參加的人一定不多。	已經確定有幾個人參加了。
果然沒好下場。	這次有眾多不利因素，才導致這樣的結果。

上面舉了幾個例子，同一件事換個說法是不是感覺完全不一樣？**正面的表達方式，可以讓對方感受到你有心幫忙、有心完成工作的態度**。而負面的表達方式，等於間接否定了所有的人事物，就算你沒有惡意，對方也會反駁你的說法，不願意跟你合作。這種說法是在突顯你的無能，對方會擔心你的能力或意見有問題。

如果你跟同事提出一樣的方案，但只有你的不被採納，或許你該反省自己的表達方式。多用正面的詞彙表達，你的觀念會更加積極，言行也會散發自信的風采。

▶ 語氣要堅定而嚴謹

除了正面的詞彙以外，嚴謹的表達方式也非常重要。一般人在講到結語的時候，遣辭用句會變得比較散漫，其實這會嚴重影響到你整段話的印象。以下就舉幾個反面教材，**同樣的對話內容改用堅定而嚴謹的說法，說服力完全不一樣**。

〈簡報時絕對不能用的說法〉

 聲音變小＋結語不夠堅定

「大概是這樣……」

「我想這應該沒辦法……」

 贅語太多＋講法太婉轉

「我認為應該也是有這樣的可能性才對。」

「要說有這種可能性也未嘗不可。」

「如果您也同意這樣的說法，那真是再好不過了。」

NG **結語拉太長＋不夠嚴謹**

「應該是這樣啦～」

「是這樣沒錯吼～」

「是這樣嗎～」

結語改用堅定而嚴謹的說法，整段話會給人截然不同的好印象！

要讓聽眾了解你說話的意義

▶「你這話是什麼意思？」真正的意義

有時候你覺得自己說明得很詳細了，對方還是聽不懂你在講什麼。**這是因為對方不了解，你講的話對他有何意義。**

比方說，你指著一顆蘋果，告訴對方這東西叫蘋果。對方問你這話是什麼意思，並不是因為他沒看過蘋果，而是他不了解你講這句話的意義。就算你補充說明那是母親給你的蘋果，對方還是不了解你介紹蘋果的用意。你要說那一顆蘋果是禮物，感謝對方平日的照顧，這樣對方才明白你提蘋果的用意。對方真正想知道的是「What's this for me?」，也就是你講的話對他有何意義。

〈你傳遞的訊息，對聽眾有沒有價值？〉

✕ 這是一顆蘋果。

◯ 這一顆蘋果要送給你，感謝你平日的關照。

要讓對方知道你的意思，而不是你自己懂就好。

▶ 活用 3M 要訣傳達意義

請遵照所謂的 3M 原則，傳達對聽眾有價值的訊息。首先是

Meaning（文意），意思是你接下來要講的話有何涵義。第二是Mechanism（架構），也就是說明概要。最後則是 Message（意義），你要告訴對方這段話對他有何意義。以下就來看幾個例子。

Meaning（文意）
「接下來，我要說明關鍵功能的設定方法，這些設定對我們的業務有很大的影響。」

Mechanism（架構）
「總共有三大主要功能和五大次要功能。按照預先設定的數值，可以用三十種不同模式使用這些功能。」

Message（意義）
「換句話說，本來要靠人力決策的項目，可以改用自動化的方式進行。不但能減少決策的時間，失誤率也會降低。」

先說明 3M，對方才不會一頭霧水。因此，你浪費時間說明一大堆，對方還是聽不懂你想表達什麼。

▶ 只說必要的事情

另一個重點就是不要說多餘的話。比方說你在替人家指路，直接告訴對方最簡短的走法就好，不要加油添醋。例如「你往右轉會看到我經常光顧的商店，然後直走你會看到紅綠燈，請不要走到紅綠燈。紅綠燈的左前方，應該就是目的地了。」**這種想到什麼就說什麼的表達法，只會讓對方感到混亂，請講必要的訊息就好。**例如「請往右轉，直走看到紅綠燈後，左手邊就是目的地。」

7

 想緩和緊張

 想獲得認同

 想學會適當
的表達方式

☆ 想要掌握
簡報要領

 想說服對方

 想避免
失誤

演說要顧慮聽眾，
以免對方跟不上

▶ 說明你現在講到哪一部分

　　如果聽眾問你，你現在到底在講什麼？這代表他們沒有掌握到
演說的大方向。我們自己很清楚演說內容，因此明白談話的進度和
今後的流程，但聽眾並不知道完整的內容。這就好比帶團登山一
樣，你身為領隊很清楚山路怎麼走，其他團員卻不曉得山上的路
況。你要說明之前走過的路，還有團隊目前所在地，以及未來要往
哪裡走，他們才會安心跟著你。

　　簡報也是同樣的道理，你必須回顧之前談過的話題，告訴聽眾
現在講到哪一個部分。**具體時機是在準備切換投影片之際，或是要
談到下一個章節的時候，讓聽眾清楚認知目前的簡報進度。**

〈簡報需要適當的導覽〉

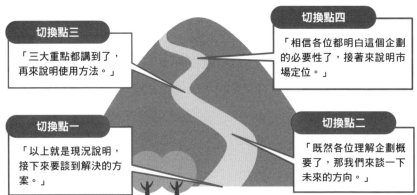

切換點三
「三大重點都講到了，
再來說明使用方法。」

切換點四
「相信各位都明白這個企劃
的必要性了，接著來說明市
場定位。」

切換點一
「以上就是現況說明，
接下來要談到解決的方
案。」

切換點二
「既然各位理解企劃概
要了，那我們來談一下
未來的方向。」

▶ 3T＝活用 Touch ／ Turn ／ Talk 來說明

　　如果聽眾問你，你講的是資料的哪一部分？這代表他們迷失在資料之中，跟不上你的演說進度。資料是我們自己做的，當你指著圖表說明的時候，你以為對方知道你在講哪裡。事實上，看一份新的資料就像在看陌生的地圖一樣。你指著地圖說明詳細的地址，對方也不曉得那個地址的位置。因此，**你得告訴聽眾該看資料的哪一部分，然後再開始說明內容。**用投影片做簡報的時候，請遵守「3T」的要訣。

〈 活用 3T 要訣，在大投影幕上指出目前進度 〉

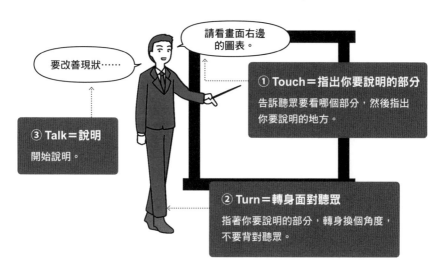

　　太常用 3T 要訣會給人一種嘮叨的印象，展示投影片的過程中用個一、兩次就好。拿紙本資料說明也是一樣的道理，請先告知聽眾要看哪一頁的圖表，再開始說明內容。尤其聽眾可能會分心看其他頁數，最好先指定要看哪一頁比較好。

製作簡單易讀的投影片

▶ 事先打出重要訊息就不用擔心了

　　人在緊張的時候常會腦筋一片空白，連自己在講什麼都不知道。所以，我們要事先準備好對策。最好的方法是，把你要講的重點直接打在資料上。

　　請參考右邊圖示，在投影片的標題下方打出兩、三行重要訊息欄位，標示你要說明的要項或主張。如此一來，即可省下繁複的解說。**萬一你腦筋真的一片空白，只要照著下面這句話唸就好「這一次要表達的重點，誠如投影片所示。」**我個人很容易緊張，每次都會在資料打上重要的訊息，聽眾說我的資料簡單易懂，幾乎不需要多說明，這也減輕了我的心理負擔。

　　這種重要訊息欄位，還有另一個別稱叫「關鍵欄位」，意指令人印象深刻的部分。在投影片的這個欄位，事先打出你要傳達的重點。再來，每一張投影片都要有重要訊息欄位，包括補充資料也一樣。不要有些頁面沒放，這樣不是一件好事。

　　光看重要訊息欄位就能明白整份資料的要旨，不用去看剩下的圖表，這才是你緊張時值得依靠的好資料。我建議各位在製作資料前，先打出重要訊息欄位。開始製作資料以後，才去思考每一張圖表的意義，這完全是本末倒置的做法。你可以在重要訊息欄位上，說明下列圖表的內容，提出你的解釋或主張。

〈打出重要訊息欄位〉

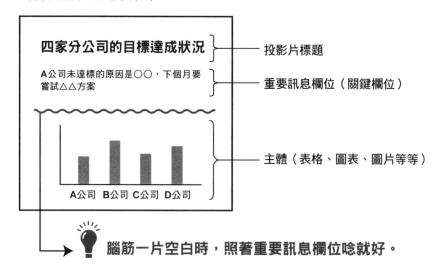

A公司 B公司 C公司 D公司

投影片標題

重要訊息欄位（關鍵欄位）

主體（表格、圖表、圖片等等）

腦筋一片空白時，照著重要訊息欄位唸就好。

▶ 用摘要頁面介紹整份資料

　　每一張投影片都要加重要訊息欄位，整份資料的開頭和結尾，也請加入摘要頁面。開頭的摘要頁面，請打上「今日要點」之類的標題，再介紹資料的目錄和簡報目的。剛上台腦筋很容易一片空白，事先準備好開頭的摘要頁面，**你只要說「這就是我今天要講解的內容」就行了**。

　　至於結尾的摘要頁面，請補充開頭沒講到的概要，或是在期限前要達成的目標。有了以上這些歸納內容，就算腦筋一片空白，也可以順利完成簡報。

〈開場投影片〉

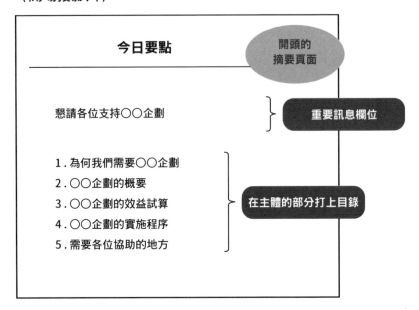

〈結尾投影片〉

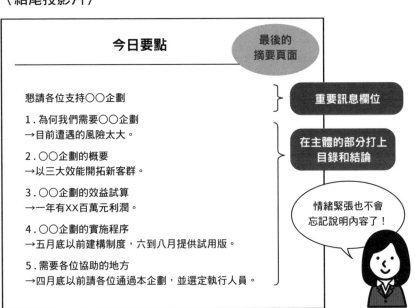

▶ 準備緊急小抄

不擅長簡報的人難免會漏講一些內容，就連簡報高手也有類似的毛病。緊張只是害我們腦筋空白的其中一個原因，另一個原因來自壓力。大家都以為上台演說，每字每句都要正確。

我第一次上台演講的時候，只顧著背誦事先準備好的講稿。結果，我不小心搞錯介紹的順序，一時情急又漏掉了很多內容沒講。後來我告訴自己，掌握演說的大方向和重要關鍵字就好，一點口誤或順序搞混也沒關係。當我這樣想以後，心情反而變得很輕鬆，也沒再忘東忘西了。

話雖如此，**講自己從沒接觸過的主題，很難完整記得所有的關鍵字和數據，這種時候你要準備緊急小抄度過難關。**也就是先用便條寫下必須說的重點，以及絕不能搞錯的資料。這樣當你腦筋一片空白，就可以拿來用了。

設置緊急小抄有幾個方法，第一是寫在便條上，貼到電腦上面。你要直接拿在手上也沒問題，但貼到電腦上有個好處，你在操作電腦的時候，偷看便條的內容也不會穿幫。第二種方法是在 PPT 的備忘稿上，事先打出重要的關鍵字和資訊。接著在播放投影片時，選擇「簡報者檢視畫面」，投影幕上就只會顯示投影片。而你的電腦會顯示投影片和備忘稿，連下一張投影片都看得到，不用擔心遺忘演說內容。第三種方法，是把資料影印出來拿在手上，當然你不要一直盯著手上的資料，講到重要部分瞄一下就好。

緊張時事先準備幾份緊急小抄，你的心情會比較從容，反正需要時瞄一眼就行了。**重點是讓聽眾了解你的演說，依賴小抄不是什麼大不了的問題。**

三種既定架構，簡報無往不利

▶ 善用三種既定架構

相信很多人做完圖表和資料以後，不知道該怎麼說明才好吧？可能你拚命講解，底下人還是聽不懂你要表達的重點。

其實，說明是有一套架構的。**學好本節介紹的三大架構，你會很清楚自己該講什麼。**

▶ 說明時用「空、雨、傘」的架構

「空、雨、傘」這一套架構，很適合用來報告或說明某些現象。 空指的是「事實」，雨則是「解釋」，傘則象徵「結論」。例如你看到天上雲層很厚，所以決定帶傘出門，這就是用按部就班的方式，說明一件事情的前因後果。假設你在說明圖表時，只說市場成長率有多少，這純粹是在講前因而已，聽眾不了解你到底想表達什麼。按照空、雨、傘的架構，你應該這樣說明才對。

> 空「今年的市場成長率，只有百分之十五。」
> 雨「顯然成長有鈍化的趨勢。」
> 傘「因此，我們應該推出新的主力商品。」

湊齊這三大要素，聽眾就不會一頭霧水了。

▶ 想要盡快說明結論時用「SDS 法」

所謂的 SDS 是「Summary、Details、Summary」的簡稱，一開始先傳達摘要（Summary），再來說明細節（Details），最後歸納總結（Summary）。想要盡快講到結論時，很適合用 SDS 法。開頭說得太詳細，對方只會越聽越煩躁。先說概要，讓對方做好聆聽細節的準備，最後重複強調關鍵部分就好。

> **S 摘要**「經過一番調查，我們發現某個事實會對商品開發方針造成重大影響。」
>
> **D 說明**「具體來說，百分之七十五的消費者認為，這項商品的魅力和他們的認知有落差，商品的○○機能比較重要。」
>
> **S 歸納**「換句話說，未來與其開發多功能商品，不如專注在○○機能上就好。」

▶ 說明情節的「PREP 法」

所謂的 PREP 是「Point、Reason、Example、Point」的簡稱。首先傳達結論（Point），再來說明理由（Reason）和具體範例（Example），最後歸納總結（Point）。**PREP 法適合用來說明有具體事例的情節。**

> **P 結論**「這項商品可以節省員工的作業時間。」
>
> **R 理由**「當中有三大自動化功能。」
>
> **E 範例**「第一大功能是自動檢查，第二大功能是……」
>
> **P 總結**「善用這三大功能，每個月可省下二十小時。」

說故事也能訓練簡報技巧

因為我家小朋友還在念小學，所以我會積極參與學校的說書志工。說書會唸到對話和故事情節，很適合練習演說的節奏和抑揚頓挫。據說，新聞主播也會朗讀繪本或其他書籍，來練習說話節奏和抑揚頓挫。

不擅長說話的人，通常也不太會掌握節奏和抑揚頓挫。**有空的話請說書給自己的孩子或親戚的小孩聽，就當成是練習簡報技巧的好機會**。你要盡力掌握節奏和抑揚頓挫，讓小朋友沉醉在故事當中。一開始可能會有些抗拒心理，等你看到小朋友開心聽故事的模樣，你自己也會樂在其中，而且節奏和抑揚頓挫的技巧也會變好。習慣說書以後，平常講話就會自動調配節奏和抑揚頓挫。

有一次我說書給小學一年級聽，老師認為我挑的書太困難。可是，我刻意在說書的過程中加入一些空檔，所有小朋友從頭到尾都很專心聆聽。說書時間結束後，老師也對這樣的結果感到訝異，因為就連平時缺乏集中力的小男生，也聚精會神地聽故事。這就是在演說中加入空檔的效果。

一般來說，聽眾開始躁動時，演說者會加大音量繼續講下去。其實，**這種時候稍微忍耐一下，加入「專注的空檔」讓聽眾自己安靜下來比較好**。如此一來，聽眾就會認真聽你說話。說書給小朋友聽，可以看到最真實的反應，建議各位嘗試看看。

Chapter

3

口才不好的人
要分析聽眾

不懂聽眾
到底想聽什麼？

上司叫你整理部門的營收和各項資料，你也在會議上報告了。不料，上司認為你的報告不夠充分，他想聽的是新企劃的概要和效果⋯⋯

常見的六大煩惱

☐ 平常也有加減做簡報，但似乎沒什麼長進。

···→ **決定好簡報的整體目標和目的**（第三章第一節）。

☐ 上司叫你報告，但你搞不清楚上司要的是什麼。等你報告以
　　後，上司又嫌你的報告沒講到重點。

···→ **要事先分析聽眾**（第三章第二節）。

☐ 要在就業博覽會上介紹自家公司，卻不曉得該從何說起。

···→ **無法確認聽眾需求時，直接套用過去的經驗**（第三章第三節）。

☐ 按照上司的要求做好資料，上司卻說你做得不對。

···→ **內容要配合對方的期待值**（第三章第四節）。

☐ 意見不被採納，動不動就被嫌棄。

···→ **事先想好對方會如何反駁**（第三章第五節）。

☐ 聽眾太多，每個人感興趣的部分都不同，不知該如何是好。

···→ **事先找大家商量，尋求認同**（第三章第六節）。

本章目標

（你）······→ 提出精確的主張，不必浪費時間修正資料。

（聽眾）···→ 對你的意見表示贊同。

決定好簡報的整體目標和目的

▶ 商業對話講究目的性

　　各位在做簡報或開會報告的時候，有沒有事先決定好演說的目的？大多數人只是遵從上司的命令上台報告，並沒有思考過這個問題，所以也不知道自己的演說到底好不好。

　　商業對話和日常對話不同，所有的商業對話都有其目的。你要先決定好目的，才能定出精準的說明內容和資料。

▶ 你到底希望對方怎麼做？

　　接下來說明如何設定目的。**首先要想清楚一件事，你到底希望對方怎麼做？**請在設定目的時，思考如何影響對方的行動。有些人把報告和說明某件事當成目的，這是錯誤的設定方式。你應該明確指出你對聽眾的要求。

　　比方說，請對方提供業務上的建議、要求對方學會新的業務技能等等，這些才是正確的目的設定。

　　還有一點要特別注意，你要具體指出對方最終該採取的行動。例如，讓對方理解企劃書的內容，這算不上最終該採取的行動。你該決定的是，對方理解企劃內容以後，你到底希望他做些什麼？

　　你的目的要和具體行動有關，否則你根本搞不清楚自己講得好不好，資料和簡報架構也高明不到哪裡去。

〈設定目的〉

思考你要對方怎麼做

✕ 「跟對方商量預算。」　　✕ 「尋求A部長的諒解。

這是以你為主體。　　　　　　　　　這不是最終行動。

○ 「請A部長同意企劃的預算案。」

明確表示你要對方採取的行動。

▶ 歸納出一個重點讓對方理解

　　決定好具體的行動後，為了說服對方照你的話做，你要思考有什麼重點是對方一定要理解的。重點不要多，歸納出一點就好。

　　事先決定好一個重點，你的說明才會有一致性和衝擊性。口才不好的人講話缺乏核心，話題總是又亂又雜。要讓對方照你的話做，你得想清楚有哪些重點一定要灌輸給對方。只要你想清楚了，**演說就會有明確的核心，可以省下不必要的說明。**

〈依照目的來決定灌輸給對方的重點〉

目的

請A部長同意企劃的預算案。

↓ 要達成這個目的，你要告訴A部長什麼重點？

希望部長理解的重點

企劃成功後會有多大的效益。

▶ 應該讓對方處於怎樣的心理狀態？

設定好目的以後，最後一步是要影響對方的心態。你要先想清楚，讓對方處於怎樣的心理狀態，他才會照你的意思去做。很少有人會想到這一點，其實這非常重要。

比方說，你做好了新的業務指南，難免會想要說明得詳盡一點。不過，請你換個角度想像一下，今天如果你是聽眾，你聽到冗長的說明會有什麼感想？

你大概會覺得很麻煩、很難記對吧？這樣一來你就沒法達到最終目的，讓其他人盡快學會新的業務。

如果你希望其他人盡快學會新業務，你要激發他們躍躍欲試的心情，讓他們相信自己一定辦得到。所以，你應該減少專業術語，精簡報告的頁數，刪減的部分當成補充資料就好。從這樣的角度來思考，你在製作資料和說明時，就會知道該運用哪些巧思了。

上面這幾點都做到了，再來要分析你的聽眾，決定表達方式。

設定明確的目的，也等於是在替你的簡報設定主軸。倘若你沒有明確的目的，只希望對方聽懂你說的話，那麼你在準備資料的階段，只會把手頭現有的資料拿來大鍋炒，無法掌握確切的主軸。

到頭來，你在說明時難以歸納重點，聽眾根本搞不懂你要表達什麼。事先定好目的，你的準備方向和說話方式才會明確。

〈哪種心理狀態最好達成目的〉

目的	讓新人學會沒接觸過的業務內容。
要對方理解的重點	新的業務指南。
心理狀態	激發他們躍躍欲試的心情，讓他們相信自己一定辦得到。

鉅細靡遺地說明內容

用簡單易懂的方式，
說明重要的內容

不好的心理狀態

最佳心理狀態！

麻煩死了。　好難喔。

好想趕快嘗試。　我也辦得到。

〈成功的簡報範例〉

目的	請A部長同意企劃的預算案。
要對方理解的重點	企劃成功後會有多大的效益。
心理狀態	讓A部長心甘情願支持企劃案。

本次企劃成本不高，
成功以後有各式各樣的好處。
因此，還請部長同意這次的企劃案。

→思考對方的心理狀態，調整說服的方式。

想緩和緊張

想獲得認同

想學會適當
的表達方式

**想要掌握
簡報要領**

想說服對方

想避免
失誤

要事先分析聽眾

▶ 簡報前的首要工作

假如上司或客戶要求你做簡報，你應該先分析他們的為人，再來思考簡報的目的。**在決定演說內容的時候，分析聽眾是不可或缺的一環**。就算你心中已經有明確的目的，缺少這個環節可能難以說服對方。因此，你要搞清楚聽眾的「期待」和「理解程度」。

▶ 答案在對方身上

為什麼要分析聽眾？失敗的說明和資料，大致分為兩種類型。

第一種，不了解對方的期待是什麼。你不去了解對方的期待，做不出對方想看的資料。各位自己當聽眾時，應該也常聽到這樣的簡報內容吧？

第二種，不了解對方的理解程度。你在說明一個主題時，要先考慮對方有多少知識和情報量，否則對方根本聽不懂。

換句話說，「期待」和「理解程度」缺少其中一環，就無法做出有效的說明。

▶ 先掌握「期待」

要了解對方的期待，請先打聽對方的情報，深入剖析對方是一個怎樣的人。你可以從兩個層面看清對方的為人，一是對方當下的狀況，二是對方過去的經歷。

想要深入了解對方的狀況，請打探對方的工作狀況就好。例如，對方可能想要提升自家單位的工作效率，或是面臨開拓新客群的壓力等等，也就是了解對方在工作上關心的問題。如果你想了解的層面比較廣，不妨打探一下對方部門的整體工作，乃至對方的同事、上司、部門營運狀況等等。

　　萬一聽眾人數很多，好比要對學生介紹自家公司，你就先調查一下聽眾是哪個世代的，了解他們受過的教育和成長背景，以及現在的求職狀況和感興趣的事物。

　　從這兩大層面推敲對方感興趣的主題，再來你要參考以下四大類型，分析對方重視的要素是什麼。**同樣一個主題，不同類型的人有各自的要求。**

〈 四大類型的聽眾，看重的層面不同！〉

重視結果的類型

營收、利益、速度

重視創新的類型

嶄新、趣味、創造性

重視實際的類型

計畫性、可實現性、權威

重視關係的類型

人際關係、組織間的關係

比方說同樣報告業務活動，對方的期待不同，簡報的成功條件也不一樣。有些人特別重視營收結果，也有人重視創新的手法。至於講究實際的人，重視的是你的提案能否按照計畫進行。而重視關係的人，則希望和其他部門取得共識，順利推動企劃案。

了解對方重視的要點，你就會料到對方如何反駁。 掌握對方的期待不是一件容易的事情，但省下這道程序通常不會有好結果。建議各位直接向對方打聽，或是請教他周圍的同事。在準備資料以前，請務必做到這一點。

▶ 接下來掌握「理解程度」

下一步，請先了解聽眾對你要講的主題，有多少相關的知識和資訊量。**先明白對方有多專業，再從三大層面掌握對方的理解度。第一個層面是「Why（對方是否了解必要性）」，第二個層面是「What（對方是否了解前提）」，第三個層面是「How（對方是否了解細部）」。**

舉例來說，你建議使用社群網路服務，改善各單位的溝通效率。那麼，對方是否了解使用社群網路服務的必要性？這就是Why。對社群網路服務的知識和資訊量，則是What。至於如何使用社群網路服務，如何引進社群網路服務？這些知識就是How。沒有確認這三大層面，你對一個不懂社群網路服務的人解釋老半天，對方也聽不懂你在講什麼。

說明調查報告也是同樣的道理。

▶ 做好分析就沒有後顧之憂

口才不好的人並不是真的不會說話，而是不知道該說什麼才好。因為不知道該講什麼→聽眾的反應就不好→於是越來越討厭說

話。最後，就陷入了惡性循環當中。在決定演說的內容之前，請先分析你的聽眾，了解他們的期待和理解程度。這樣你就知道該說些什麼，也不會搞錯內容的優先順序了。請參考下方圖表。

〈 分析聽眾 ‧ 以業務簡報為例 〉

聽眾 山田和鈴木二人。

主題 如何改善自家單位的業務。

		山田	鈴木
期待	人物側寫	行銷部門部長，今年剛上任	企劃團隊領袖
	感興趣的問題	高層一再要求提升生產性，但本人對成果有所堅持	對競爭對手的新企劃有危機意識，很喜歡自己的工作
	期望	提升工作效率和生產性	重視新企劃和成果，懶得改善業務
	看重的要點	結果	創新
	可預期的反駁	「縮短工時，成果不會下降嗎？」	「縮短工時，工作品質會下滑。」「這樣培育不了新人。」
理解程度	專業領域	生產領域	商品企劃
	Why（對方是否了解必要性）	高	中
	What（對方是否了解前提）	中	低
	How（對方是否了解細部）	低	低
表達方針		・跟其他部門比較，分析利害關係，讓他們抱有危機意識。 ・介紹其他公司或類似行業，成功改善生產性及成果的案例，引起他們的興趣。	

無法確認聽眾需求時，直接套用過去的經驗

▶ 委託人和聽眾不同該怎麼辦

有時候，上司或人事部門臨時拜託你做簡報，好比在公司的年度會議上報告自家單位的活動狀況，或是到就業博覽會招攬新鮮人等等。你可能不知道該說什麼才好，尤其沒法事先和聽眾溝通，簡報的難度就更高了。

▶ 研究過去案例

在這種情況下，分析聽眾同樣是重要的基本工作。那麼，無法直接跟聽眾對話，要如何分析聽眾呢？**答案就是參考前人的談資，請委託人提供資料給你**。以參加就業博覽會為例，你可以請人事部門提供過去的企業說明會資料，輕鬆掌握簡報的要點。

如果你還是沒法安心，去參觀其他公司的說明會也是個方法。畢竟光看過去的資料，不見得能掌握演說的要點。況且，對陌生的聽眾做簡報，你很難考慮得面面俱到。

參考過去的資料要特別留意一件事，你要找到跟其他演說者不同的要點。參加就業博覽會的學生，肯定也會去聽其他公司的說明會，你得說出自家公司有哪些不一樣的優點。先從過去的資料了解該說的重點，之後再掌握演說的方向，思考如何推薦自家公司。

▶ 了解初次見面對象的方法

　　接下來，你要了解委託人和聽眾的期待，還有他們對話題的理解程度。 了解以後，演說內容要去蕪存菁，並斟酌表達的方式。第一步是詢問委託人有何期待，以前面提到的就業博覽會為例，人事部門可能希望你引起學生的興趣，或是找到適合自家企業的人才。

　　下一步，請確認聽眾的期待和理解程度。看是要請教委託人，還是要利用網路或雜誌等媒體來調查。例如，上求職網站可以了解學生關注的問題，還有他們選擇企業的考量。**口才不好的人，不擅長站在別人的角度來看事情。其實，不了解對方才是主要原因，請一定要先做功課了解對方。**

　　對陌生的對象演說要特別小心。有些事情你認為很簡單，三言兩語就隨便帶過，但對方也許聽不懂你在說什麼。在資料上放入一些圖片或動畫，好比職場上的景象或平時工作用到的器材，這樣能表達更加鮮明的意象。

　　上面雖然以就業博覽會為例，其實跟其他單位介紹自家部門也是同樣的道理。你要先了解對方，再思考有效的表達方式。

〈委託人和聽眾不同時，你該確認的重點〉

① **研究過去的案例，掌握該說的要點，思考如何突顯雙方的差異。**

　　□ 過去的演說者，有哪些簡報內容？
　　□ 你的簡報應該點出哪些不一樣的內容？

② **分析聽眾，將演說內容去蕪存菁，斟酌表達的方式。**

　　□ 了解委託人和聽眾的期待。
　　□ 了解聽眾的理解程度。

內容要配合對方的期待值

▶ 控制聽眾對資料或說明的期待值

　　冒昧請教各位一個問題，你們覺得一場簡報的滿意度，是靠哪些因素來決定的？其實一場簡報的滿意度高不高，端看你的簡報是否符合對方的期待值。

　　例如，上司叫你做一份資料，結果你做出來的東西不合要求，上司希望你再說明得詳細一點。等你修改好以後，上司還是對你的報告不滿，這就是你沒有控制好期待值的關係。除非你主動解釋說明，否則委託你做簡報的人，心中已經有想要聽的答案了。

　　你要先分析對方，了解他的期待值有多高，控制好期待值。

　　所謂的期待值，是指委託人對資料或說明的要求有多高。**具體來說，品質（Quality）、成本（Cost）、期限（Delivery）這三大條件，要和對方的期待吻合。**這三大要件簡稱 QCD，本來是製造業重要的生產管理概念，也適用於其他的工作。

　　好好控制期待值，就算品質稍微差一點，對方也不會過於苛求結果，因為你是在有限的條件下完成任務，這樣做事比較有效率。反過來說，期待值沒控制好，你的品質再高也滿足不了對方，到頭來被嫌得要死，還浪費一大堆作業時間。

　　這三者要互相權衡利弊，想要達到一定的品質，就得投入相當的時間和金錢。成本不足時，就只好犧牲品質或期限。

〈**QCD 三者權衡**〉

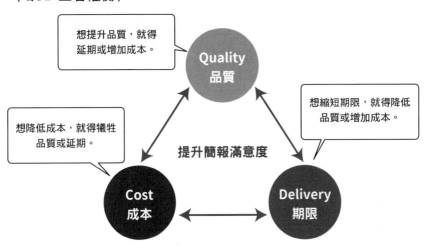

▶ 配合對方要求的品質（Q）

首先，你要確認對方要求多高的水平。比方說，對方想知道概要訊息還是詳細訊息？要確切數據還是粗估數據？調查的範圍和精確度要多高？企劃公布是否需要相關人士同意？

另外，表達方法也跟品質有關，也要事先確認。例如，資料是否簡約洗練就好，不用做得太精緻？頁數要多一點還是少一點？圖表要不要做得很漂亮？能否直接出示數據就好？這些都要確認。

最好先把要點寫在記事本或白板上，跟對方確認清楚。

比方說，上司要你做一份作業流程說明書。請先弄清楚上司要的是簡單的條列式說明，還是詳細的圖表解說？數據要用表格還是圖示來呈現？想當然，製作圖表比較花時間，內容和呈現方式會大幅影響到作業量。**先弄清楚委託人的標準，才不會做白工。**

〈確認品質（Q）可改變作業量〉

需求調查 報告 	● 品質 僅在部門內的會議上參考 ● 作業量 調查範圍有限，做點簡單 的調查即可	● 品質 在經營會議上供高層決議 ● 作業量 要收集確切的資料樣本，作為 論述依據
提案簡報 	● 品質 了解有哪些商品就好 ● 作業量 以既存的提案資料，製作 幾張概略的簡介	● 品質 要以詳盡內容，在競標會上成 功搶下標案 ● 作業量 收集詳細資料，說明自家企業 的成功案例，和其他競爭對手 比較，點出我方的強項

▶ 簡報的成本（C）和期限（D）要一起傳達

再來要交涉成本和期限，**期限關係到簡報任務和其他工作的時間分配，成本則包括調查費用之類的開銷，以及你需要的人手。**例如，上司要你明天完成簡報，萬一期限改不了，你要確認以下的成本要項。

> 確認事項
>
> ・ 可否中斷其他工作，專心處理簡報就好？
>
> ・ 長時間加班是否能完成這項工作？
>
> ・ 可否找其他人幫忙？
>
> ・ 可否花錢做調查？

這些問題是要向上司確認，做這一場簡報能動用多少成本（資金和人力）。例如，使用付費資料的話，就可以在短時間內得到精

確的情報。

　過去的人並不認為工作時間是一種成本，但現在人們開始檢討長時間勞動的工作方式。和委託人事先商量作業時間，已經是基本的做事態度了。這樣做也是在控管期待值。

　盡可能提升資料的品質確實很重要，但你要從這三點確認對方的期待值，才不會浪費心力做白工。

〈交涉成本（C）和期限（D）〉

● 需求調查報告

費用成本	期限
自行調查（人數 X 時薪）	兩個禮拜
雇用外部的調查機構（大約十萬元）	一個禮拜
使用合適的付費資料（大約三萬元）	兩天

● 提案簡報

時間成本	期限
簡報和其他工作一起處理	三天
中斷現有工作，專心準備簡報	兩天
中斷現有工作，請同事一起準備簡報	一天

事先想好對方會如何反駁

▶ 預測對方可能提出的反駁

認真準備簡報，不代表你的提案會順利通過，順利通過反而很少見。請記住，對方跟你的立場不同，會提出反駁是理所當然的事情。**重點是不要把對方的反駁視為「找碴」**，從不同角度提出的反駁，可以幫助其他聽眾了解簡報的主題。

話雖如此，遇到反駁答不出來也是很頭痛的事。最好的方法是在分析聽眾時，預測對方可能提出的反駁內容。第三章第二節講到不同的聽眾類型，請參考那四大類型預測對方的反駁吧。對方反駁時也不用太驚訝，只要向對方證明你的論述經過深思熟慮就好。

〈預測聽眾可能提出的反駁，事先準備好對策〉

 重視結果的人可能提出的反駁

「那麼，你的方案能創造多少營收？」
⇒「關於營收問題，粗估至少有○○的收益，最多則有○○。」

 重視創新的人可能提出的反駁

「嗯～你的提案太普通了。」
⇒「這個點子確實有一定的普遍性，但在這個領域還很少人用。」

 重視實際的人可能提出的反駁

「整個流程不會超出期限嗎？」
⇒「我跟有關單位確認過，只要有三天緩衝期就沒問題了。」

重視關係的人可能提出的反駁

「你這方法業務部門會反對吧？」
⇒「我打算舉辦個別說明會，尋求業務部門的認同。」

▶ 對方想知道你有沒有仔細思考過

通常我們聽到反駁，都以為對方不贊同自己的意見。事實上，對方不見得是在反對你的提案。

有時候，他們是想知道你有沒有審慎思考、仔細評估。換句話說，他們的反駁是在試探你對企劃案有多少熱忱和決心。

萬一你呆站在台上一句話都答不上來，對方會認為你沒有好好思考過，對這個企劃案缺乏信心。

當對方用這種方法試探你的時候，**與其用花言巧語說服對方，不如直接承認企劃案本身有不足之處，尋求對方的協助。**

試著坦承不足之處

- 「關於您提的這一點，我個人也略感不安，可否請您指點一二？」
- 「這一點我確實沒有想到，請問用什麼方式推動比較好？」
- 「關於這一點，可否請您提供協助？」

遇到這種試探性的反駁，你要表達堅定前行的立場，誠心尋求對方的協助。用反駁的方式駁倒對方，只會換來更強烈的反駁而已，到頭來整個企劃被打槍，又要從頭做起。

事先做好應對措施，等於是從各方面增加企劃和提案的勝算。

事先找大家商量，尋求認同

▶ 簡報內容再好也會被反駁的理由

聽眾不止一個人的時候，要說服所有人不是一件容易的事。**就算你的簡報內容合乎聽眾的期待，跟他們關心的問題也一致，但在兩種情況下還是會被反對。**

第一種情況是，你的提案太過突然，對方事先完全不知道有這回事。第二種情況是，對方一時無法理解你的內容，只好先反對。

以第一種情況來說，對方不是真的反對你的簡報內容，而是你沒有事先知會他，讓他感到沒面子，所以才反對。有些人反對以後，又拉不下臉撤回，甚至還會找出更多反對的依據。**一旦產生這種否定的心態，就純粹是為反對而反對了。**

至於第二種情況，經常發生在對方聽到重要訊息，或是接收到新訊息的時候。由於無法馬上理解內容，才先提出反對意見。**衝擊性比較大的訊息，需要一段時間吸收消化。**例如，你的提案推翻了過去的做法，或是想追求嶄新的變化，就有可能遭受反對。即使你講出正確又客觀的道理，對方一時無法消化就會反對。

換句話說，這兩種情況都與簡報的優劣無關，關鍵在於事前溝通沒有做好。

▶ 事前疏通不是壞事

你要事先做好「疏通」才不會被反駁。大家都以為疏通是日本

企業的壞習慣，實際上這是一種風行全球的準備工作，歐美也有所謂的預會和通報會。

　　找對方疏通時，你要先傳達簡報的概要。看是要找對方聊個五到十分鐘，或是特地安排一段時間說服對方都行。這樣就能防止第一種情況發生，對方也有時間消化訊息，算得上是分析技巧的一環。多花這一道功夫，在會議上遭受反駁的機會將大幅降低，口才不好的人更該試一試。

▶ 事先找對方「商量」

　　找對方疏通時，不是把你單方面決定好的事情告訴對方，而是要用「商量」的方式才有效果。

〈 商量和報告的差異 〉

報告、提案　「請考慮引進新的電腦。」

商量　「我打算引進新的電腦，可否請您提供一點意見呢？」
　　　「有什麼問題要留意的話，還請不吝提供意見。」
　　　「對於推動這個企劃的方式，有哪裡要特別留意的嗎？」

　　你在會議上發表的內容，要顧慮到對方的意見或想法，對方才會贊同。萬一有其他人反對，你也不會孤立無援。事前疏通能防止對方發火，又不會讓對方感到意外，是一種廣結善緣的溝通方式。

口才好的人有哪些習慣？

我認識不少簡報高手，也喜歡向他們請教一些小技巧。以下就介紹幾項技巧，或許各位也派得上用場。

● 簡報前振奮情緒／讓情緒冷靜下來

第一章談到聽音樂的話題，有人習慣聽古典樂冷靜下來，也有人聽皇后合唱團或麥可‧傑克森的音樂提振心神。還有人會把自己關在房間或廁所，做最後一次模擬練習。事先跟聽眾或相關人士溝通，也有振奮情緒的作用。

●在簡報過程中和對方交朋友

有人會想像聽眾孩提時代的模樣。因為滿臉橫肉的人也有可愛的孩提時代，光想到這一點就會湧現親近感。另外，刻意說出對方的名字，好比在對方的名字後面加上敬稱，然後請教對方的看法，這樣可以讓對方產生好印象。

●簡報結束後主動打聽對方的感想

主動打聽對方的感想，可以學到很多改善的技巧和啟示。對客戶提案的時候，你可以請隨行的同事告訴你感想。

看到簡報高手使用這麼多技巧，你是否也躍躍欲試了？

Chapter

4

簡報成敗取決於
談話材料和脈絡

為什麼我一說話就冷場？

你不擅長與人對話，參加商業會談更是痛苦無比。明明解釋得很詳盡了，客戶卻一副興趣缺缺的樣子，甚至對你剛講解完的事情有疑問，你是不是懷疑自己缺乏溝通才能？

常見的八大煩惱

☐ 客戶不明白你到底想表達什麼。

┈→ **用金字塔架構歸納出主張和依據**（第四章第一節）。

☐ 搞不清楚表達的先後順序。

┈→ **安排敘事情節傳達訊息**（第四章第二節）。

☐ 客戶說，光聽你的說明無法做出決定。

┈→ **準備選項給對方抉擇**（第四章第三節）。

☐ 客戶對你的談話不感興趣。

┈→ **敘事情節要有意外性**（第四章第四節）。

☐ 說明到一半，被對方的疑問打斷。

┈→ **用清晰的脈絡消除對方的疑問**（第四章第五節）。

☐ 收集不到有說服力的數據或情報。

┈→ **尋找有說服力的一手或二手資訊**（第四章第六節）。

☐ 要講的事情太多，時間總是不夠。

┈→ **資訊要分輕重緩急**（第四章第七節）。

☐ 客戶聽不懂你的意思。

┈→ **表達方式要帶給對方鮮明的想像空間**（第四章第八節）。

本章目標

你 ┈→ 讓對方願意聽到最後。

聽眾 ┈→ 聽到高明的解說。

用金字塔架構歸納出主張和依據

▶ 對方聽不懂代表你缺乏主張

很多人告訴我，他們非常努力說明一件事，對方卻總是聽不懂他們在講什麼。這種詞不達意的狀況，是他們心中最深的痛。

話雖如此，那些聽眾也不是故意要唱反調。請各位認清事實，對方會感到困惑是你的訊息不夠明確造成的。報告和提案不是單純說明狀況就好，多思考如何傳遞訊息，人家才聽得懂你在講什麼。

那麼，到底什麼叫「訊息」？**所謂的訊息不單是「你想表達的事情」，還要包含「主張」和「依據」才行。**主張是指整場演說的最終結論，也就是你希望對方怎麼做。依據則是支持主張的情報。

對方聽不懂你在講什麼，代表你沒有講到主張。因此，對方不明白你的結論為何。就算你很努力說明，也只是搬出一大堆資訊而已，這算不上有效的訊息。

口才不好的人，多半不擅長思考主張，也不懂得如何表達主張。於是，每次上台簡報就被聽眾質疑，對演說這件事也就越來越沒有自信。

不過，在職場上發表談話一定要有主張，主張是你的最終結論。**沒有主張的演說，等於是叫對方自行思考結論，把報告和提案的職責丟給對方。**請你鼓起勇氣告訴對方，現狀就像你講的一樣，所以請他們按照你的提案行動。

〈何謂訊息？〉

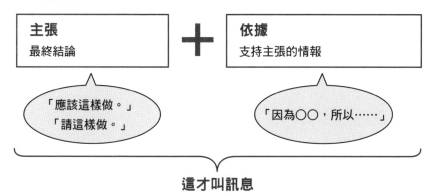

▶ 使用金字塔架構歸納訊息

接下來向各位介紹，怎麼歸納出有主張又有依據的訊息。有一種叫金字塔架構的方法非常好用。

如 P.113 的圖示，放在金字塔最頂端的主張稱為主要訊息。支撐主要訊息的是次要訊息，支持次要訊息的則是依據，屬於底層支撐高層的架構。再來說明安排架構的重點。

❶ 由上至下？由下至上？

方法主要有兩種，**一種是先想出主要訊息，之後找出依據。另一種是歸納依據，順便思考主要訊息。**

假如提案或企劃的主張已經決定好了，就從主要訊息向下延伸次要訊息和依據，歸納出提案或企劃的內容。

若是單純的報告，你的依據就是各種現況和資訊，所以你要把依據歸納成幾個群組，推算出次要訊息，以及最終的主要訊息。當你要提出改善現狀的方案時，先思考目前的狀況有哪些值得一提的問題，最後推算出改善的方案來當作主要訊息。

❷ 金字塔的大小

　　主張的難易度會影響到金字塔的大小，大規模的企劃或提案需要大量的依據，金字塔自然會變大。反之，簡單的內容就不需要太大的金字塔。**次要訊息只需要三個**，太多的話對方也不好理解。

❸ 選擇合宜的資訊作為依據

　　從依據推導出上層的訊息，不見得要使用手邊所有的資訊，留下必要的資訊就好。堪用的資訊一多，我們難免會想全部拿來用。問題是，資訊量太多是在增加對方理解的難度。你還沒講到最終結論和主張，對方就被你搞得一頭霧水了。

　　選擇該傳遞的資訊就好，這樣你的說明才會簡單明瞭。**仔細挑選你的主張需要哪些資訊來佐證，做到這一點你的演說就會很好懂**。當然，你可能會擔心對方問到額外的資訊，額外資訊和主要訊息沒有直接關聯的話，拿來當補充資料就好，不要放在正式資料裡面，等對方提到時你再拿出來講。

〈思考訊息的方法〉

你的主張決定好了嗎？

YES　　　　　　　　　　　　NO

由金字塔的頂端，往下推導出主要訊息、次要訊息、相關依據。	由金字塔的底端，往上推導出依據、次要訊息、主要訊息。

〈金字塔架構〉

金字塔架構的編排方法

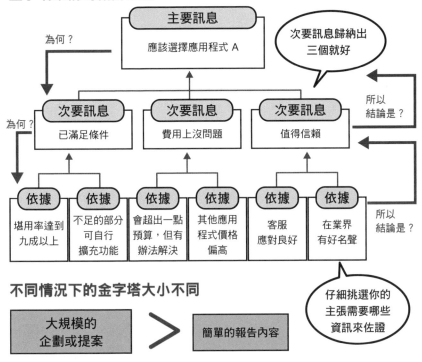

不同情況下的金字塔大小不同

大規模的
企劃或提案

＞

簡單的報告內容

2

想緩和緊張

想獲得認同

想學會適當
的表達方式

想要掌握
簡報要領

想說服對方

想避免
失誤

安排敘事情節傳達訊息

▶ 傳遞訊息的四大步驟

不曉得該說什麼的讀者，請參考前面的章節，用金字塔架構整理你的主張和依據，思考你想表達的訊息。用金字塔架構推導出來的訊息，就是你演說的骨架。

有了骨架以後，下一步要安排敘事情節，敘事情節是傳達訊息的步驟。所謂的敘事情節包含了演說的定位、前因後果，還有促進理解的基礎資訊，這幾項要素揉合成一個完整的演說流程，聽眾才能確實明白你要表達的東西。

一場演說不夠簡單明瞭，多半是缺乏敘事情節的關係。因為沒有安排敘事情節，當中的資料也缺乏連貫性，理解起來自然很費力。**思考敘事情節是準備簡報最重要的一環**，但完全靠自己創造又太花時間，以下介紹四種情節的模式，學起來可以事半功倍。

❶ 主流的「分解型」

先從最終結論，也就是金字塔頂端的主要訊息講起，然後依序講解三大次要訊息和底下的依據。具體的說明方式如下，先告訴對方結論，讓對方知道應該要怎麼做；接著說明為何要那樣做的三大理由，以及那些理由有何資料佐證。**先講結論是商場上慣用的敘事情節。**

〈如何安排分解型的敘事情節〉

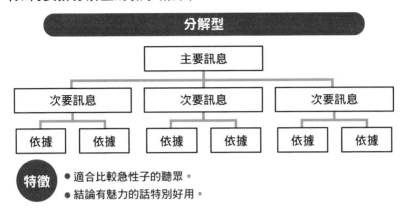

分解型

主要訊息

次要訊息　　　次要訊息　　　次要訊息

依據　依據　　依據　依據　　依據　依據

特徵
● 適合比較急性子的聽眾。
● 結論有魅力的話特別好用。

❷ 讓對方一一理解的「建構型」

　　這是先說明狀況和依據，再依序說出論述（次要訊息）和結論（主要訊息）。

　　具體的說明方式如下，先請對方觀看手頭資料，讓對方了解現在處於什麼狀況；再從資料上的數據推導出某項論述，最後告訴對方應該要怎麼做。也就是反向推演結論。**某些情況下直接講結論容易遭到反駁，這種仔細說明依據的敘事情節，可以加深理解。**

〈如何安排建構型的敘事情節〉

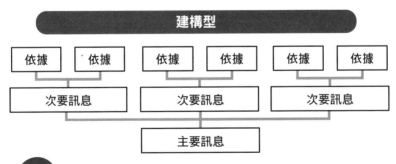

建構型

依據　依據　　依據　依據　　依據　依據

次要訊息　　　次要訊息　　　次要訊息

主要訊息

特徵
● 適合用在吹毛求疵，不能先講結論的對象身上。
● 結論令人難以接受時特別好用。

❸ 提供複數選項的「選擇型」

　　有些人你直接點出單一結論他也不會買帳，選擇型的方法很適合對付這種人。**事先準備兩三個選項，評比不同的比較項目，最後說出你推薦的方案**。

　　具體的說明方式如下，先說明你從好幾種不同的觀點，尋思解決問題的方法；然後解釋每一種方案的優劣利弊，最後說出你推薦的方案。也就是透過比較的方式，強調最終結論的說服力。相較於單一提案，對方會覺得你經過多方考量。

　　使用選擇型有一個大前提，那就是對方已經了解提案的重要性，做法也大致決定好了，只差臨門一腳而已。對方之所以無法做決定，是在猶豫有沒有更好的方法，也有可能是對提案沒信心。因此，你要比對各種選項，讓對方知道你經過深思熟慮，再請對方選擇你提供的最終方案。詳細的方法留待第四章第三節說明。

〈如何安排選擇型的敘事情節〉

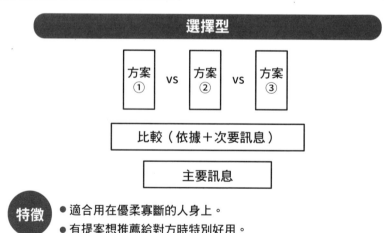

特徵
- 適合用在優柔寡斷的人身上。
- 有提案想推薦給對方時特別好用。

❹ 挑起對方興趣的「意外發展型」

創新度較高的提案和企劃，適合用意外發展型的方法。

你要先提出對方感興趣的意外資訊。**不過，對方可能對趣味的資訊抱持疑問，這時你要提供另一些資訊消除對方的不安，最後引導至你要的結論。**

具體的說明方式如下，先說出對方不知道的意外資訊，好比有多少人碰過我們現在探討的問題，而當下有一個很受矚目的方法，可以解決那樣的問題。再來，你要指出解決方案可能面臨的風險，好比安全性或成本因素等等。然後，你要說明這些風險可以控管，來消除對方的不安，最後懇請對方考慮一下你的提案。換句話說，你要一邊觀察對方的反應，一邊引導對方走向你要的結論。

意外發展型的使用時機和選擇型不同，對方可能還不了解提案的重要性，所以你要用這一套方法引起對方的興趣。既然對方一開始不感興趣，你就必須用上出乎意料的資訊，詳細的方法留待第四章第四節說明。

〈如何安排意外發展型的敘事情節〉

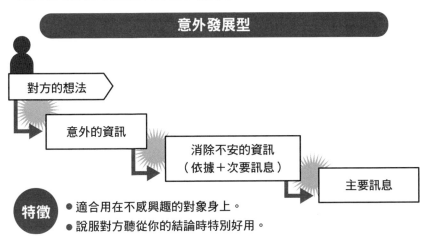

準備選項給對方抉擇

▶ 無法決策不見得是優柔寡斷

有一種情況是，對方已經了解提案的必要性，卻遲遲無法做出決定。這時候提供選項給對方是有效的辦法，**無法做決定不是優柔寡斷的關係，而是捨不得放棄其他可能性。**

提供選項給對方比較，等於是在決策之前深入檢討各種可能性。只提供一種選項逼迫對方接受，對方可能會吹毛求疵，要求你詳加調查檢討。就算你主張自己的提案沒問題，對方也不會欣然接受。用提供選項的方式進行比較，對方才會安心。

▶ 提出選項的方式

提案的內容會影響選項的數量，基本上先思考三個選項就好。**第一是你希望對方接受的提案，第二是更加激進的提案，第三是風險較小的消極提案。** 拿這三種提案來比較，就能看出大部分的可能性了。

過去我擔任顧問時，前輩也是這樣教導我的。把中庸、激進、消極的提案放在一起，多數人都會選擇中庸的提案。畢竟從心理上的角度來看，人性會避免極端的選項，因此中庸的選項較受歡迎。有時候，你也可以多提供第四、第五種選項，讓對方知道你已經深思熟慮。只不過，差異性不大或太複雜的選項，只會擾亂對方的判斷，選項不要太多為宜。

提供選項不是單純列出來就好，你要決定好評比的項目，定下一個鑑定的基準。想要深入檢討的話，就區分一下評比項目的重要程度。

好比你們檢討商品企劃，評比的項目可能有「市場性」「能否活用自身優勢」「能否力挫競爭對手」「與既存商品的差異性」「風險高低」等等。然後，決定重心要放在哪個項目上。若把市場性擺在第一位，那市場性的重要程度就是四，評價要乘以四。

決策時要提示其他的可能性，定出確切的評價方法，否則決策方式會缺乏依據，更不可能做出有自信的決策。要互相評比各種選項，你做出來的決策才有說服力。

〈選項比較表〉

評比的印象分數

評比項目	市場性	自家強項	競爭優越性	差異性	風險	總計
重要度	4	3	1	2	1	
提案 A	10（40分）	3（9分）	6（6分）	1（2分）	5（5分）	62分
提案 B	7（28分）	2（6分）	3（3分）	4（8分）	4（4分）	49分
提案 C	7（28分）	5（15分）	7（7分）	6（12分）	5（5分）	67分

計算每個提案的總分

敘事情節要有意外性

▶ 為什麼聽眾會感到無聊？

你的簡報要是一開場就讓聽眾感到無聊，想必你也會信心全失，認定自己口才不好吧。**其實這不見得是你說話方式有問題，而是敘事情節缺乏意外性**。你必須用第四章第二節談到的意外性情節，挑起聽眾的興趣。

比方說，你告訴聽眾打掃環境很重要，聽眾只會覺得你在講廢話。因為你的演說完全沒有意外性。你要像下面這樣搭配意外性的資訊，聽眾才會了解打掃為何重要。

報告打掃的重要性
「某家企業落實打掃環境的政策後，純益提升了百分之十以上。光靠一項打掃，沒有做其他嶄新的變革，顧客滿意度就達到業界第一了。不好好打掃環境，每名員工平均每年會多浪費一千兩百小時，換算下來等於是〇〇億元的開銷。」

「打掃環境很重要」這是理所當然的道理，你要搭配其他有趣的資訊，帶給聽眾意外的感覺，讓大家明白打掃比他們想像的更重要，這樣他們才會感興趣。

所謂的意外性，不是叫你去找一些很稀奇古怪的資訊，而是跟對方的常識有一點點落差的意外資訊。

請先用分析聽眾的技巧（第三章第二節），了解對方的期待和

理解程度，找一些出乎對方意料的資訊來當開場白。只要對方感興趣，就肯聽你後面的演說了。

▶ 告訴對方重要性

聽眾對你的簡報不感興趣，多半是不明白你的話題跟他們有何關係。你要在一開場就挑明必要性，接著再開始說明內容。

我是按照「Why（必要性）→ What（內容）→ How（具體方法）」的順序，來消除對方心中的疑問。你要讓對方知道，你講的話題對他非常重要，否則對方一定不感興趣。

好好傳達必要性，對方就會專心聽你講解內容和具體方法。

〈提案流程〉

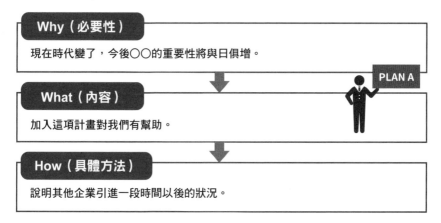

Why（必要性）

現在時代變了，今後○○的重要性將與日俱增。

PLAN A

What（內容）

加入這項計畫對我們有幫助。

How（具體方法）

說明其他企業引進一段時間以後的狀況。

用清晰的脈絡消除對方的疑問

▶ 清晰的脈絡是指按部就班消除對方的疑慮

當你演說到一半，對方提出一個完全不相關的疑問，你會感到惶恐不安對吧。演講者沒有說出聽眾想聽的事情，這是很常發生的狀況，只是聽眾不見得會說出來罷了。

用清晰的脈絡說明，意思是要按部就班解釋一件事情。你以為自己已做到這一點，結果對方卻打斷你的談話，這就表示你自認為妥當的說明流程，不是對方想聽到的說明流程。

關鍵在於，你有沒有優先解決對方的疑問。沒有解決對方的疑問就講下一個話題，對方心中只會產生一個大問號，不明白你為何要講他不關心的事情。所以他才會打斷你的演說，希望得到一個解答。

以下列舉幾個缺乏脈絡的說明方式。

● 報告活動

當我們在報告的時候，都會先說自己做了哪些事情，或是採取了什麼行動。可是，對方想知道的是你的行動有何意義？活動的成果又是如何？因此你說明到一半，對方就忍不住打岔問你上面的問題。記得在報告的時候，**依序講解活動目的→活動成果→活動內容→總結→下次的預定活動和課題**，這種脈絡清晰的說明方式，才能解決對方的疑問。

●提案解決問題

　　相信大家在工作上遇到問題時，都會忍不住跳出來批評，順便說出自己的看法。然而，你覺得很嚴重的問題對方可能根本不在意。**只要雙方的認知有落差，你提出的方法再有道理，對方也不會採納。**

　　這種情況下，要說明現狀和理想的落差→問題所在→解決方案→依據→推動的方法。先說出你期望的狀況，弭平雙方的認知落差，再告訴對方現況不符合期望，並點出你認為問題出在哪個部分。不然一開始直接點出問題，對方非但不願意接受，甚至還會產生代溝。

　　以上就是脈絡不夠清晰的狀況，這兩種狀況都相當常見。**下一頁會介紹各種說明類型該用的敘事架構。**請參考以下的內容，思考如何用清晰的脈絡消除對方的疑問。

〈報告營收的架構〉

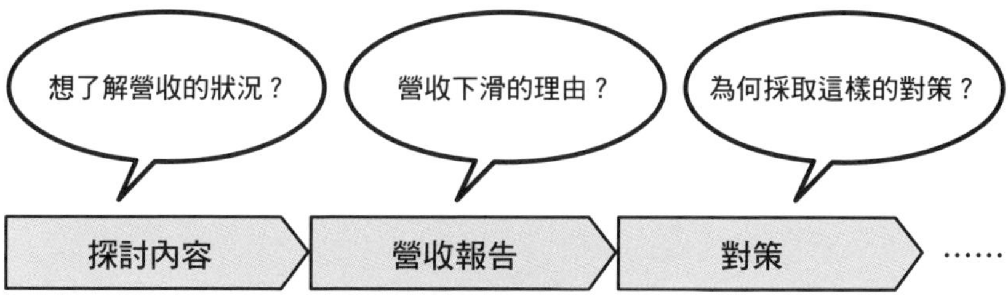

想了解營收的狀況？　　營收下滑的理由？　　為何採取這樣的對策？

探討內容　　營收報告　　對策　　……

用清晰的脈絡消除對方疑問。

〈活動報告的文件架構〉

項目	內容
① 目的	· 活動目的 · 具體目標
② 成果	· 活動結果 · 績效或目標進度
③ 活動內容	· 活動內容 · 優缺點
④ 總結	· 活動評價或有待改善的要點 · 感想
⑤ 預定活動和課題	· 下次活動預定 · 經過這次啟發，未來有何計畫或課題 · 尋求支援

〈解決方案的文件架構〉

項目	內容
① 理想和現狀的落差	· 說明理想中的狀況和現在的問題
② 有待解決的問題	· 說明該解決哪些問題，來弭平理想和現實的落差 · 問題的嚴重性
③ 解決方案	· 該如何解決 · 解決問題的必要條件
④ 依據	· 解決前後的比較 · 增加說服力的資訊（如績效或案例）
⑤ 推動方法	· 行程、制度、預算 · 尋求協助

〈調查報告的文件架構〉

項目		內容
① 目的		· 做了哪些調查來印證假設
② 方法		· 如何印證假設 · 調查方針、步驟、對象、範圍、環境
③ 結果		· 印證假設的結果
④ 結論		· 從調查中獲得的啟示 · 下一個活動的方針

〈企劃書的文件架構〉

項目		內容
① 企劃意義		· 追求的目標、企劃概念 · 企劃的必要性（為何需要這項企劃）
② 企劃概要		· 企劃的具體內容
③ 預期效果		· 估算效果
④ 推動方法		· 行程、制度、預算
⑤ 預期風險和對策		· 可預期的狀況和應對方案

6

想緩和緊張

想獲得認同

想學會適當
的表達方式

想要掌握
簡報要領

想說服對方

想避免
失誤

尋找有說服力的一手或二手資訊

▶ 先找二手資訊

你要找到堪用的資訊來當依據,訊息和敘事情節才會有說服力。問題是,**要找到完全符合需求的資訊並不容易,能否用有限的時間和預算找到好資訊,端看你是否知道搜尋資訊的方法。**

首先,資訊分為一手資訊和二手資訊。一手資訊是指獨自調查和收集的原創資料,二手資訊則是經過加工和編纂的一手資訊。該用一手資訊或二手資訊,取決於你想要表達什麼樣的訊息。但搜尋資訊的時間和經費有限,沒有確切的方法,很難找到你要的資訊。除了公司內部的資訊以外,通常我們都會找下列的公開資訊。

> **常用的公開資訊**
> ・報紙、雜誌、書籍
> ・民調企業或智庫的報告書
> ・大學或研究機構的論文
> ・政府機構或公益法人的報告
> ・政府的統計數據

上網或去圖書館找資料幾乎是不花錢的,但部分新聞報導或新聞搜尋服務要花錢。到圖書館調閱專業的資料複印也得花錢,尋找堪用的資訊時要節省有限的經費。

〈如何尋找主要的二手資訊〉

①谷歌搜尋引擎  谷歌：https://www.google.com/	先打上你想到的關鍵字，瀏覽一下搜尋的結果，順便思考有沒有更合適的關鍵字。也就是先擴大搜索範圍，再慢慢找出精確的關鍵字。或者，同時用好幾個關鍵字搜尋，找到自己要用的資料。調查機構的報告可以直接引用，但報導或部落格上的資訊，請一定要先查核資訊的來源和出處。
②搜索報章雜誌的報導  日經資料庫：http://telecom.nikkei.co.jp/ G-Search：https://db.g-search.or.jp/ @nifty business：https://business.nifty.com/	日經資料庫、G-Search、@nifty business 等網站，有提供各類財經新聞和一般新聞的搜尋服務。這些服務並非免費，但他們跟不少公司簽約合作，利用之前請先確認一下，這些網站提供的業界資訊相當詳細。想看雜誌可以購買過去的期數，或是乾脆上網訂閱。（此為日本資訊）
③國家圖書館「搜尋導航」 國家圖書館：https://www.ncl.edu.tw/	找不到想要的資訊，不妨活用國家圖書館的搜尋導航服務。打入關鍵字調出搜尋結果，會另外跳出調查方法的分頁，當中有歸納國家圖書館的調查技巧和資訊來源。
④上亞馬遜搜尋書籍 亞馬遜：https://www.amazon.co.jp/	上亞馬遜搜尋關鍵字，能找到相關的主題。通常一本書的作者都是該領域的翹楚，上網搜尋作者的名字能得到更進一步的見解。（此為日本資訊）

▶ 試著考慮一手資訊

如果找不到二手資訊，那就要自己調查一手資訊了。過去委託民調企業做採訪或問卷調查少說要花幾十萬，現在用 Google Forms、LINE、Facebook、Twitter 等網路服務就能輕鬆做到。

另外，使用自助式的調查服務，只要花一萬左右即可做各種變數的問卷調查。你要自己在網上設計問卷，傳遞給你要調查的對象，順便自己回收、統計、分析。要是公司同意花這筆小錢，短時間內就可獲得真實的反饋，值得一試。

SurveyMonkey、Questant、Fastask 等服務都十分有名，SurveyMonkey 更是無印良品用來收集顧客反饋的利器。調查十個問題收集一百個樣本不用錢，每年花五萬元就可以盡情做各種問卷調查，不受任何限制。說服自家企業加入會員也是不錯的選擇。

至於要不要花錢做調查，這就要看公司採納你的簡報後，會動用到多少人力、物力、財力、時間了。比方說，公司正在檢討某項商品企劃的可能性，這種案子用免費的簡易調查就夠了。相對地，**公司若要正式推出商品打入市場，到時候一定會動用大筆投資，這就需要花錢去做精確的調查分析了**。

過去我以顧問身分提案時，會在兩種情況下獨自調查。一是找不到二手資訊，二是我想要印證某個新的假設。我不只加入數據，還會直接放上調查對象的想法，讓整份資料更有說服力。

消費者和顧客真實的心聲，確實有提升說服力的效果。當你打算提出重要企劃時，不妨自行做調查。

〈網路調查的流程〉

● 製作問卷

● 找到調查對象

● 發布問卷

請協助填寫
下列問卷內容。

● 調查對象答覆問卷

● 統計、分析

〈自助式調查服務〉

自助式調查服務：
在獨自進行調查時，會提供你方便好用的功能。

┌─ 自助式調查服務範例 ──────────────────┐

● 問卷設計工具

● 在社群網路服務或官網上發布問卷

● 準備調查對象

● 統計和分析工具

便宜的自助式調查服務

名稱	概要	網址
SurveyMonkey ◆ SurveyMonkey®	美國企業提供的服務，有各種豐富的問卷類型，十個問題以內的問卷不用花錢。	https://www.surveymonkey.com/
Questant Questant!	Macromill 提供的服務，有提供電子郵件、網路社群服務、QR 條碼的問卷調查。	https://questant.jp/?Qcid=SL-MM
Fastask Fastask	知名日語文書軟體製造商佳思騰提供的服務，特色是可以即時看到問卷回收狀況，也能上網詢價。	https://www.fast-ask.com/

資訊要分輕重緩急

▶ 資訊太多反而弄巧成拙

　　有些人簡報時間永遠不夠用，他們習慣把自己找到的資料統統說出來。不過，把所有資料搬出來只是求個心安而已，這樣的做法沒有考慮到聽眾。當然，也有可能是不了解聽眾看重的資訊，所以沒有辦法取捨。

　　不是你用一大堆資訊說明，對方就一定能夠理解。我的工作是教導大家提升演說能力，有的學員自我介紹練久了，變得越來越有信心，就會花大量的篇幅介紹自己。

　　例如，開場時先說自己以前的豐功偉業，再來又講到私人的興趣等等。這種介紹方式只是表面上進步，其實介紹的資訊量太多，反而很難在聽眾心中留下印象。

　　自我介紹的用意，是要在其他人心中留下深刻的印象，話講得太多容易適得其反。你在挑選自我介紹的題材時，主軸應該是要讓大家知道，你究竟是一個怎樣的人。

　　說明和報告也是同樣的道理，你把所有的資訊都搬出來，對方可能只聽得懂一成，或是完全聽不懂。

▶ 資訊分為主要和次要

　　為了避免上述的情形發生，你的資訊要有主次之分。主要資訊是指一定要傳達的內容，次要資訊則是有時間再補充的內容。**你可**

以用金字塔架構來分主次，主張和依據就是主要的資訊，其他內容則是次要資訊。仔細挑選依據，也能幫你分清主次。

　　分好主次以後，主要資訊放入正式報告篇幅中，次要資訊放入參考資料。主要資訊的分量不能占滿全部的報告時間，至少要空出十到十五分鐘。這樣你才有時間回答問題，或是和聽眾共同討論議題。如果你把一個小時的報告時間，統統拿來報告主要資訊，時間是一定不夠用的。我知道各位擔心時間會多出來，請不必擔心，除非你是簡報高手，不然大部分人都會講到超過時間。**對方要是對你的演說內容特別感興趣，你再拿出次要資訊補充說明就好。**

　　對方沒有主動提問的話，你也不用特地搬出次要資訊。尤其講完結論以後，搬出其他資訊只是在擾亂對方。對方可能會對你的結論感到不安，甚至對剛才敲定的決策產生疑慮，誤以為有其他議題要探討。萬一時間真的多出來，你就重述一次結論，加深聽眾的理解程度，重要訊息多講幾次也無妨。切記，說出不必要的資訊是在擾亂對方。

〈主次資訊的差異〉

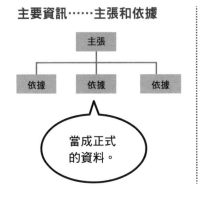

主要資訊……主張和依據

主張
依據　依據　依據

當成正式的資料。

次要資訊……其他的相關資訊

當成補充資料。

表達方式要帶給對方鮮明的想像空間

▶「聽懂」也分兩種

當我們看到對方一副有聽沒有懂的樣子，難免會想要多說明。不過，第二章第六節提到，對方不是真的聽不懂你在講什麼。

事實上，「聽懂」也分兩種類型。一種是「聽懂文意」，另一種是「聽懂意義」。對方說他聽不懂你講的話是什麼意思，通常是指他不能理解你的話題，對他到底有何意義。所以，你要說明自己的話題，對那個人到底有何意義（或價值）。

當對方了解你的話題有何意義，才會產生認同感，你的說明也比較容易被採納。

〈對方說他聽不懂時，你要考慮兩件事〉

說明整段話的**意思**　　　　說明你的話題對那個人有何**意義**

▶ 有效說明意義的字句

你只要在心中默念這句話「換句話說，這對你而言」，自然就會明白什麼樣的說法對那個人有意義了。

比方說，你在推薦自家的印表機，你說這是史上最小的機種（講解文意）。介紹完以後，請在心中默念「換句話說，這產品對你而言」，你自然會想到產品對客戶的意義。體積小的印表機不占空間又攜帶方便（講解意義），這就是產品的意義。

說明意義的範例
「本商品花了五年時間開發（文意）。
『換句話說，這對你而言』商品本身經得起考驗，完全符合您的需求（意義）。」

「這是利率很高的金融商品（文意）。
『換句話說，這對你而言』你可以用這項商品的獲利，每個月多打一次高爾夫球，是很划算的選擇（意義）。」

〈不忘傳達意義的公式〉

敘事情節中添加假想敵

安排敘事情節是相當困難的一環，單純說明你的提案有何優點，很難挑起對方的興趣。**我在安排敘事情節時，會像寫故事一樣刻意創造假想敵**。很多故事裡都有不討喜的存在，有些是很明確的壞蛋，有些是主角必須克服的心理障礙或不安。

企劃或提案中的假想敵，簡單說就是其他競爭對手和他們的產品。我會調查競爭對手，預料他們可能提出的方案，然後提出相對的方案和敘事情節。直接攻擊競爭對手反而會降低自己的信譽，所以你要用婉轉的方式化解對手的提案，好比點出對手沒有注意到的風險。若沒有明確的競爭對手，你可以拿過去的商品缺失來當假想敵。例如，你在提出新產品的企劃案時，可以表明消費者對以往的產品有何不滿。

萬一沒有明確的假想敵可用，那就拿對方的憂患意識來用。你可以告訴對方，如果不照你的提案做可能會陷入困境，跟以前一樣重蹈覆轍。像這樣的憂慮或焦躁，都是人們亟欲克服的假想敵。

這樣做的用意是樹立一個共同的敵人，讓對方認為你是他的夥伴。很多故事裡主角都是跟夥伴一起打倒壞蛋的，你要跟對方養成那樣的關係。**夥伴本身就是一種信賴關係，你的提案和企劃會更容易被採納，即使實行後遭遇困難，對方也願意陪你一起解決**。切記，你跟對方不是敵對關係，而是要安排一個假想敵，讓你們變成互助合作的關係。

Chapter
5

備妥 Q&A
便萬無一失

QA 時間，
腦中一片空白

> 請問您的方案，
> 對我們這種小公司
> 也管用嗎？

上司指定你去跟客戶簡報，你一上台就遇到簡報器材出問題，最後台下又有人提出尖銳的疑問，你完全不曉得該如何是好。有些提問內容又臭又長，根本聽不懂在說什麼。這種情況到底該怎麼處理才好？

常見的八大煩惱

☐ 不擅長回答問題，最好聽眾都不要提問。

⋯→ **提問不是惡意攻擊，而是加深聽眾理解的機會**（第五章第一節）。

☐ 每次碰到出乎意料的問題，腦袋就會當機。

⋯→ **事先預想二十種問題**（第五章第二節）。

☐ 事出突然，不知道該怎麼回答問題。

⋯→ **先分清楚對方的問題有沒有辦法回答**（第五章第三節）。

☐ 思緒亂成一團，答覆也變得吞吞吐吐。

⋯→ **爭取思考答覆的時間**（第五章第四節）。

☐ 擔心自己的應對進退不得體。

⋯→ **事先學會對答和歸納問題的方法**（第五章第五節）。

☐ 不知道如何面對惡意提問或難以答覆的問題。

⋯→ **配合對方的意圖進行應對**（第五章第六節）。

☐ 投影機壞掉了！你的腦袋也跟著當機⋯⋯

⋯→ **做好事前確認並準備對策**（第五章第七節）。

☐ 參加就業博覽會介紹自家公司，卻不敢和聽眾對談。

⋯→ **深入了解主持人和講師的角色差異**（第五章第八節）。

本章目標

(你) ⋯⋯→ 不再害怕聽眾提問。

(聽眾) ⋯→ 認為你談吐大方、待人誠懇。

提問不是惡意攻擊，
而是加深聽眾理解力的好機會

▶ 回答問題也是簡報的一環

　　大部分人都不想回答聽眾的問題，巴不得整場簡報都沒有人提問。主要原因是，他們把提問當成一種攻擊和指責。我認識的海外演說者正好相反，聽眾沒有提問他們反而很失望。換句話說，在海外演說者的觀念裡，聽眾會提問代表對你的演說有興趣。

　　事實上，我們在考慮要不要購買某樣商品時，也會提出各種問題來多方了解，沒有興趣的商品我們根本懶得問。至於在簡報時答覆聽眾的疑問，是要加深聽眾的理解力，達到簡報目的。

▶ 答覆疑問的四大步驟

　　不過，光靠臨場反應答覆並不容易，你必須了解說服聽眾的方法才行。善用以下介紹的四大步驟，你的答覆會變得更有意義。

步驟一　決定好答覆疑問的時間

　　說明內容和答覆疑問的最佳比例是二比一，假設你有三十分鐘的簡報時間，說明內容要花二十分鐘，剩下十分鐘拿來答覆聽眾的問題。有的讀者可能覺得十分鐘太久，其實這十分鐘不一定要全部拿來回答問題，跟聽眾交換意見和討論也不錯。

步驟二　事先準備好對答策略

　　簡報高手會事先預測聽眾可能提出的疑問，並準備好答覆的內容。如果你想不出聽眾可能會提的問題，請參考第二節的五大類型來推敲一下。就算聽眾本身沒有惡意，難免會提出一些不太好回答的問題，這種情況請參考第六節的應對方法。

步驟三　區分問題

　　接下來介紹如何回答問題。首先你要分清楚，哪些問題該回答、哪些問題不該回答。回答不該回答的問題是在浪費時間，而且有可能說出不該說的話。區分方法留待第三節介紹，第四節則會教你處理難以答覆的問題。

步驟四　答覆疑問，加深聽眾的理解力

　　答覆聽眾的疑問不是你回答了就好，重點是要確認對方能否接納和理解。在回答問題的時候，不要忘了達成簡報的目標。詳情請看第五節的內容。

　　透過四大步驟釐清該做的事情，準備工作自然水到渠成，正式登台你將充滿自信，不會過度緊張。

〈遵循四大步驟邁向目標〉

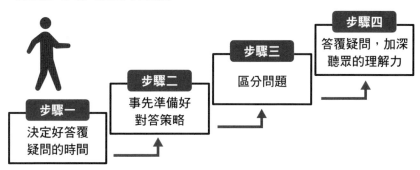

事先預想二十種問題

▶ 預料問題也是簡報的一環

　　該回答的問題卻答不出來，這樣的失誤要盡量避免才行。你要事先預測聽眾可能提出哪些疑問，才不會碰到出乎意料的問題。可是，口才不好的人只注重簡報內容，沒有多餘的心力去思考應答對策，以至於碰到意外的問題就手忙腳亂。

　　應答對策不是有時間再想就好，而是你一定要做的事情。事先預想疑問和答覆方式，有助於你深入了解簡報內容。你的簡報一定要消除聽眾疑慮，才有辦法說服他們。沒有事先想好聽眾可能提出的疑問，代表你很難消除他們的疑慮。切記，簡報就是要消除聽眾的疑慮，因此一定要事先準備應答對策。

〈簡報的作用〉

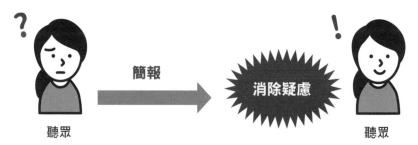

聽眾　　　簡報　　消除疑慮　　　聽眾

▶ 善用五大類型預測聽眾的疑問

當我以顧問的身分提案簡報時，會盡量思考合作夥伴或客戶可能提出的問題，以及他們可能有疑慮的地方。

若是大規模的簡報，我會事先準備一百則疑問清單和答覆對策。各位平常不用準備那麼多沒關係，疑問大致分成五種類型。**每一種類型要準備四道問題，這四道問題必須是聽眾可能特別在意的問題。這樣算起來，你總共要預測二十道問題。**

用五大類型來思考，比較容易想到出乎意料的問題。否則，光從自己的角度來思考很難發現一些盲點。

第一種是「確認文意」的類型，這是對方聽不懂你的說明才提出來的問題。因為對方想釐清難以理解的部分，所以你的答覆要盡量單純。不要重複說明，要用簡單易懂的一段話回答問題。

第二種是「尋求依據」的類型，用意是要知道你的主張有何理由和依據。萬一你提出的依據對方不願採納，你還得提出更進一步的依據。你要提出具體的數據和資訊，讓對方知道你確實有憑有據。參考權威人士的發言也是一個好方法。

第三種是「要求具體範例」的類型。當你的主張或說明不夠具體，就需要具體的事例來增加說服力。重點是要傳達明確的願景，讓對方感受到真實性。最好是站在對方的立場，舉出對方能信服的例子，或是用一些生動鮮明的描述。

第四種是「從其他角度審視」的類型。當對方無法判斷你的主張是否正確，會預設不一樣的狀況來判斷結果。所以，你要從各種角度來驗證自己的主張。比方說，從不同角度來看你的主張，會不會有太大的差異？或者有沒有共通的部分？在不同的狀況下，你的主張是否適用？這些問題你都要確實回答。

第五種是「質問意義」的類型。這是在問你的主張有何意義和

價值，也是在問你的企劃和提案有何價值。請用一句簡單明瞭的答覆，說明你的提案對哪些對象有何價值。下面的圖表會列舉各大類型的問答範例，請各位參考看看。

〈常見的提問和答覆範例〉

提問類型	疑問	答覆方式
確認文意	「請說明一下○○的概念是什麼意思。」 「請說明一下你的做法。」 「這份資料說明的是什麼樣的市場趨向？」 「○○功能的使用方式我聽不太懂。」	「一言以蔽之，那概念就是○○的意思。」 「套一句簡單的說法，就是○○的意思。」
尋求依據	「你敢這樣講的理由是什麼？」 「為何有這樣的結論？」 「你的主張有何依據？」 「你的依據太薄弱，可否補充說明一下？」	「具體來說，這個方案有百分之○的成效。」 「根據○○的調查，顧客的觀念和過去有極大的不同，現在我們也面臨了同樣的情況。」 「我向○○部門的負責人確認過，他說那才是最重要的問題。」
要求具體範例 Example	「具體來說，這到底是怎麼一回事？」 「有實際的例子嗎？」 「你的說明太抽象，請說明得具體一點。」 「請告訴我具體的推行方法。」	「首先，我們要讓顧客感到○○，之後……」 「這個企劃的目的，是希望本單位的業務達到○○的狀態。」 「前一個月先執行○○，再依照執行的結果，從三大方案中擇一進行。兩個月後……」

提問類型	疑問	答覆方式
從其他角度審視	「你講的提案，或許也有其他不同的可行性吧？」「從另一個觀點來思考，我該怎麼理解這種概念？」「這企劃似乎跟以往的沒啥兩樣，有何嶄新的內容？」「這跟○○哪裡不一樣？」	「從您的觀點來思考，或許是有共通之處，但在○○的層面上不同。」「在本案例中，這樣的觀點並不適用。」「跟過去的企劃相比，○○是一大創新。」
質問意義	「這企劃的價值何在？」「你的提案對客戶有何益處？」「你的報告有何意義？」「好處是什麼？」	「客戶可以解決○○問題，而我們執行這一企劃，也有○○的價值。」「這一次的報告，主要是說明○○企劃的成效。而我們單位在這個層面上，有很大的改善效果。」

▶ 在投影片上打入疑問，事先排練妥當

前面歸納出了五大疑問類型，請事先想好聽眾可能提出的問題，列出一系列的答覆。至於說明過程中容易啟人疑竇的部分，**請事先在投影片的備忘稿中打上問題，這樣萬一真的被問到就不會慌亂了**。你可以氣定神閒地回答問題，建議各位參考看看。

回答問題不能光靠臨機應變，你要事先預想聽眾的問題，實際上台才能冷靜應對。最好在排練的時候，請別人充當你的聽眾來發問，確認你的答覆是否合宜。我在重要提案或報告之前，也會請上司或同事扮演客戶，練習對答的技巧。做到這一步，你上台簡報才會充滿信心。

3

想緩和緊張

想獲得認同

想學會適當
的表達方式

☆
想要掌握
簡報要領

想說服對方

想避免
失誤

先分清楚對方的問題
有沒有辦法回答

▶ 答覆的四大方針

　　很多人一遇到聽眾提問腦袋就會當機，其實一開始要先分清楚，問題到底該不該回答。每一道問題都盡全力回答，反而會害你的簡報偏離主題，時間也絕對不夠用。請先分清楚問題該不該回答，再來決定應對的方針。

　　聽眾的問題大致分為兩種，一種和簡報的內容有關，屬於不得不答覆的問題；另一種則是不回答也無所謂的問題。接下來，你要判斷能否當下答覆。從這兩個角度來思考，就會產生下一頁的四大方針。

　　簡報和會議都是有時間限制的，關鍵在於不要浪費時間回答沒營養的問題。有些人會隨興問一些無關緊要的問題，或是表面上假裝提問，實則搶下發言的主導權。花太多時間理會那種人，你很難達成簡報的目的。

　　請先區分問題，再來判斷要花多少時間答覆。如果你不了解對方提出的問題，或是要花太多時間答覆，請參考下一節的方法來確保時間。

〈區分問題的方法〉

該回答的問題　　　　　不必回答的問題

能回答的問題

① 事先預料五大類疑問，說出準備好的答案

③ 在時間許可的情況下答覆

「我個人的看法是……」

不能回答的問題

② 說清楚何時答覆

「請給我一點時間，我會在○○之前答覆。」

④ 當作參考意見就好

「感謝您提供重要資訊。」

❶ 事先預料五大類疑問，說出準備好的答案

第一個區塊是指前面提到的五大類疑問，請確實做好準備，說出對方能接受的答覆。能否答覆這五大類疑問，會關係到整場簡報的成敗。各位一定要做好準備，以充滿自信的態度對答。

❷ 說清楚何時答覆

第二個區塊其實跟第一個區塊一樣，都是要事先做好準備的疑問。很遺憾的是，你可能準備得不夠充分，所以答不上來。可能對方提出了意料之外的關鍵疑問，或是要求你提供精確的資訊，而你沒辦法馬上給出一個答覆。這種情況下，隨便亂掰只會適得其反，你要定下一個回答的期限，並且打聽對方的聯絡方式，盡快破除對方的疑慮。

❸ 在時間許可的情況下答覆（不要離題）

第三個區塊是跟簡報沒什麼關聯的疑問，純粹是聽眾自己感興趣而已。這種問題可能會問得很詳細，但內容本身無關決策。如果時間許可，各位不妨說一些自身的看法；沒時間的話就告訴對方，你改天會再附上資料個別說明。

❹ 當作參考意見就好

第四個區塊不算是疑問，而是對方想要抒發己見。可能對方想炫耀自己以前的事蹟，讓大家乖乖當他的聽眾。遇到這種假意提問的狀況，請盡快結束對答時間，把對方的話題當作參考意見就好。

▶ 不回答的話直接表達感謝就好

當你回答第三或第四區塊的疑問時，千萬不要用太敷衍的答覆方式，萬一對方的意見太冗長也要保持禮貌。你要試著讓對方心甘情願地退下，又不會對你有壞印象。

> 拘謹的應對範例
> 「感謝您提供寶貴的資訊。」
> 「感謝您提供新的觀點。」
> 「萬一發生類似的狀況，我一定向您請教解決方法。」

你要感謝對方提供資訊的功勞，然後結束那一個問題。口拙的人除了不擅長說話以外，還容易被對方率著鼻子走。**請記住一個道理，控制整場簡報的流向是演說者的責任**。

順帶一提，若聽眾提出的疑問剛好與你的目標契合，那當然是再好不過，但很多情況下聽眾根本不會提問。這時候你要說出自己

事先準備好的問題，當成一些常見的疑問給底下的聽眾參考，並說出解答來增加說服力。

> 積極達成目標的提問和回答範例
> 「常有客戶問我這樣的問題，不曉得貴社是否也有同樣的疑慮？其實只要按照我們安排的行程，實行起來就非常順利了。」
> 「我想各位對這一點應該有些疑慮，這一次的企劃也考量到風險管理。」

　　如果你希望對方採納你的意見，請先準備好關鍵疑問，就算對方沒有主動提問，你也可以自己提出來。

〈用對答方式達成目標〉

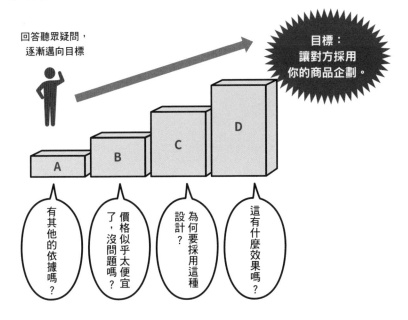

爭取思考答覆的時間

▶ 不一定要立刻回答問題

也許聽眾提出的問題並不困難，但要臨時給出一個有條理的答覆可不容易。最怕的是你急著回答問題，反而失去沉穩的風範，這樣你的答覆內容再好，也會給人沒信心的印象。**請記得，答覆對方的疑問是一種獲取信任的溝通方式。**

難得有機會卻沒好好活用，未免太可惜。

▶ 爭取時間理解問題

過去我擔任經營顧問時，前輩和上司曾經告訴我，遇到問題不要馬上急著回答，先想清楚再答覆問題。於是我反問前輩和上司，在思考的過程中總不能一言不發吧？後來他們教我幾個爭取思考時間的方法，接下來我就介紹一些比較簡單的技巧。

❶ 重述對方的疑問

你可以重述一次對方的疑問，趁機思考回答的方式。好比確認一下對方提問的重點，是不是你理解的那樣，或者確認一下對方到底想問什麼。用這樣的方式重述疑問，有爭取時間的效果。

當然，也不要照本宣科重述，你要換個說法確認對方提問的用意。例如，你可以說自己要先整理一下問題，然後確認對方提問的大意，利用這段空檔爭取時間。

這麼做能確認對方的提問意圖，也不會鬧出答非所問的笑話。為求謹慎起見，遇到不困難的問題也同樣能用這一招。

〈整理對方的疑問〉

請讓我歸納一下您的問題。

➡ **爭取時間＋理解提問的內容**

❷ 詢問狀況和背景

　　第二招是用疑問回應對方，也就是要求更詳細的資訊，請對方說明他是出於什麼樣的原因提問的。例如，請對方詳述一下他碰到的狀況，以及他提問的背後有何憂慮。你要問清楚對方提問的背景和狀況。

　　這麼做不只是在爭取時間，同時也能讓你更精準答覆問題。當你請對方提供更詳細的背景，搞不好他會說出自己以前遇過的問題，或是他們的單位正面臨什麼樣的困境，得到更多的資訊。

　　否則在一知半解的狀況下答覆，對方只會覺得你答非所問，繼續追著你提出疑問，而且不會接受你的說法。

　　仔細確認對方提問的狀況和背景，你才能精確回答疑問，消除對方的不安和疑慮。你可以直接點明，對方碰到問題該如何處理，或者說出讓對方安心的解決策略。

〈反問對方〉

確認對方提問的狀況和背景

請說明一下
您碰到的狀況。

➡️ **爭取時間＋提供具體的答覆**

❸ 讓其他參加者回答

　　當你遲遲想不出答覆時，不妨問看看其他人是否也有同樣的問題，觀察一下大家的反應。**不然，詢問在場的其他同事有何看法，同事答得好固然可喜，萬一答不好你再從旁更正或補充就好。**

〈請教旁人〉

徵詢同事或聽眾的意見＋更正和補充

各位的
看法呢？

原來如此，
其實呢……

➡️ **爭取時間＋請其他人代為回答一部分**

　　大家都以為答覆疑問講究快速對答的能力，但一味求快給不出好的答覆，最後只會演變成半吊子的溝通。在你想要硬掰之前，請先理解對方的疑問，爭取一段時間準備答案。

▶ 多方詢問後仍不了解對方的疑問

　　前面介紹的三種方法，各位可以混合搭配使用。例如先重述聽眾的疑問，確認好對方提問的狀況和背景後，再請同事代為回答。遇到難度特別高的疑問，請搭配這三大方法。

　　當你用了前面兩種方法，還是不了解對方提出的疑問時，改用第三種方法。說不定你的同事理解提問者的意圖，會幫你說明。

　　不過，有些聽眾提出的問題太過困難，就算你用上第三種技巧也無法理解。可能是對方的問題太專業，或是狀況太特殊，以至於你沒有事先掌握資訊。**這時候你要用婉轉的方式結束話題，以免浪費簡報時間。你可以說，等你確實理解問題以後再來答覆。**

　　另外，難以答覆的疑問通常都與主題無關。如果你整場簡報的最後，是以那種問題來收尾，聽眾可能只會記得那個問題，而不記得你想表達的重點。因此，**最後的疑問要是偏離簡報主題，簡報結束前請再次重申你的主張和意見。**

事先學會對答和歸納問題的方法

▶ 答覆問題有一套固定程序

當你確實回答對方的疑問，台下聽眾仍然滿臉疑慮，這代表他們可能不接受你的說法。**遇到問題不是回答就好，消除對方的疑慮，讓他採納你的意見才是最終目標**。你只要留意對答的程序，自然就會知道有沒有達成目標。「虛心受教」和「認同」是你必須留意的兩大流程，首先你要確實理解對方的疑問，虛心接納，最後確認對方是否同意你的說法。

第一步，先用「感謝」虛心接納疑問。不要急著回答，先感謝對方提出疑問，虛心接受指教。萬一你碰到尖銳的疑問，內心慌亂不已時，先感謝對方提出有見地的疑問，不要表現出你的慌張。如此一來，提問的一方開心，你也會給人一種游刃有餘的印象。

第二步是認同，你在答覆完以後，要確認對方是否同意你的說法。例如，詢問對方有沒有不了解的地方？有沒有消除對方的疑慮？對方滿意的話，再換到下一題。

最後你要總結一下問題和答覆，也就是重述一遍對方提問的重點，還有你答覆的要旨，這樣有助於深化聽眾的理解力。另外，碰到太偏離主題的疑問或太繁複的內容，你要導回簡報的重點或基本方針。你可以說，雖然對方提出的疑問相當特殊，但基本上還是跟你說的道理不謀而合。否則，聽眾只會記得有人問了一個特殊的問題，不會記得你要表達的訊息。**答覆疑問時，謹記「感謝→回答→確認→總結」的流程，聽眾會更明白你的主張**。

〈對答流程〉

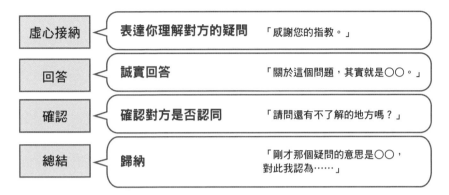

虛心接納	表達你理解對方的疑問	「感謝您的指教。」
回答	誠實回答	「關於這個問題，其實就是〇〇。」
確認	確認對方是否認同	「請問還有不了解的地方嗎？」
總結	歸納	「剛才那個疑問的意思是〇〇，對此我認為……」

▶ 對方無法接受答覆怎麼辦？

對方若不同意你的說法，一定會表現出皺眉毛或歪著頭的動作。遇到這種狀況，你要主動詢問對方，是否有不明白或不滿意的地方？萬一在有限的時間內無法獲得認同，你有以下三種處理方式。第一，改天再回答。第二，請對方改天再給你一次說明機會。第三，簡報結束後個別對談。

等你懂得設身處地替對方著想，就不會覺得回答疑問很痛苦了。請把破除對方的疑慮當成目標，好好答覆疑問吧。

6

配合對方的意圖進行應對

▶ 惡意提問是在考驗你

沒有人喜歡不懷好意的提問，**我在提案簡報時，也經常碰到那種咄咄逼人的疑問**。有人當著我的面，說我的提案沒意義又沒價值。一開始聽到那種說法我也很受傷，後來前輩和上司開導我，那些人只是基於他們的立場不得不那樣做，當成考驗就好。某些業界還會對初次碰面的對象來個下馬威。

儘管這種疑問讓人感覺很不好，但你事先做好心理建設，就不會受到太大的打擊了。只不過，**有些惡意提問不是在考驗你，你要看清對方的意圖來應對**，以下就介紹一些方法供各位參考。

① 想要測試簡報的主講者

有些人刻意提出為難你的問題，是要看你有何反應。這時候，你要明白對方只是假裝在找你麻煩。因為，太輕易採納你的提案和企劃，對方可能沒辦法跟上司交代。事先做好這種心理建設，你就能用寬容的心情回答了。**請露出從容的笑意，不要心生膽怯。**

② 出於不安和疑慮才提問

這是出於擔心才提出的疑問，可能對方過去有不好的經驗，或是接到什麼壞消息。所以你要請教對方，他是否遇到了什麼狀況？或是有哪些疑慮？

③ 明顯有惡意的情況

　　有些問題擺明就是要給你難堪的，例如攻擊你的公司股價低迷，或是質疑你的資料有誤導之嫌等等。這時候，你不用很具體地答覆問題，只要用大略的方式回答就好。例如對方攻擊你的公司股價低迷、資料有誤導之嫌，你也不用反駁或辯解，只要問對方是否對往年股價或資料感興趣就好，然後進行一個概括的說明。

▶ 最要不得的三種回應方式

　　通常我們遇到惡意提問，都會露出不開心的表情，有人會想反駁對方，或是沉默以對。這些都不是好方法，如果對方只是在測試你，你滿臉不悅只會有反效果；如果對方是出於不安才提問，你的反應只會讓對方更不安。至於反駁找碴的對象，只會讓彼此的關係惡化，替自己樹立敵人。

　　微笑以對有很棒的效果，但你應該事先想清楚，如何答覆你討厭的問題。

〈正確的應對方式〉

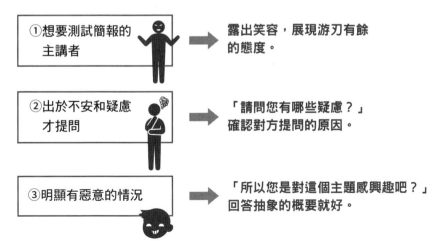

①想要測試簡報的　主講者　→　露出笑容，展現游刃有餘的態度。

②出於不安和疑慮　才提問　→　「請問您有哪些疑慮？」確認對方提問的原因。

③明顯有惡意的情況　→　「所以您是對這個主題感興趣吧？」回答抽象的概要就好。

做好事前確認並準備對策

▶ 先做好事前確認

　　不希望正式登台碰到突發狀況，就要先確認好簡報環境。最好先確認會場大小和布置，實際播放投影片，看看有沒有什麼問題。以下列出確認的重點供各位參考。

〈防範問題發生的確認清單〉

確認聽眾

☐ 確認參加人數
☐ 確認地位
　（誰是決策者？誰是關鍵人物？）
☐ 要看著哪個對象發表演說？

確認會場

☐ 確認會議室或會場大小
☐ 確認座位布置
　（一對一、一對多、ㄈ字形等等）
☐ 眼神接觸的方式
☐ 確認站立的位置
☐ 確認聲音的大小
☐ 確認說明的方式

確認資料

☐ 投影機壞掉該如何處理
☐ 投影畫面是否清晰
☐ 分發的資料是否足夠
☐ 分發的資料是否簡單易懂

確認資材

☐ 確認投影機有無連接器材
☐ 會場有無指揮筆或投影機遙控
☐ 有沒有麥克風
☐ 確認器材連接有無問題
☐ 確認麥克風狀況

▶ 事先決定好如何處理突發狀況

事前準備做足了，還是有可能遇到突發狀況。能否冷靜處理好問題，也考驗著你的簡報技巧，因此請事先想好對策。

我剛開始擔任經營顧問的時候，曾經碰到投影機接觸不良的問題。那時候我急忙跑去排除故障，結果前輩提醒我，舉止慌亂會讓客戶不安，因此要沉著應對。**處理突發狀況當然要迅速，但慌亂的態度只會適得其反。**

以下介紹一些常見的問題和處理方式。

● 投影機接觸不良

　用紙本資料說明，並請聽眾觀看紙本資料的圖表。

　沒有紙本資料的話，請在白板寫上關鍵字說明。

● 簡報時間被縮短

　如果時間被砍掉一半以上，請另外安排簡報時間。

　不用全部說明，講解關鍵投影片就好。

● 分發的資料有印刷缺失

　看著投影片解說，之後分發修訂版資料。

● 投影資料看不清楚（字體太小、顏色標示不清）

　指著投影畫面，詳細說明上面的內容是什麼。

千萬不要表現出急躁或動怒的態度，遇到突發狀況不代表你的簡報失敗。簡報的成敗取決於你的應對方式，請事先未雨綢繆，這樣實際發生問題時才能沉著應對。

深入了解主持人和講師的角色差異

▶ 主持人有三大職責

　　相信大家都不喜歡擔任會議或活動的主持人吧？不過，主持人只是整場活動的配角，你把參加的聽眾當成主角，就比較沒有壓力了。主持人有三大職責要注意，分別是「時間控管」「方向控管」「氣氛控管」。

　　首先，**主持人要確保會議和活動在規定的時間內結束**。因此，請先製作一張時間分配表或行程表。在一開始的時候，先說清楚每個議題要花多久討論，其他的參加者才會配合。萬一時間不夠了，你要中斷超時的議論，直接帶入總結並討論未來的方向。切記，中斷議論前要先跟說話的人道個歉。

　　再來，**確保會議和活動達成目標也是重要職責**。主持人要確認大家有沒有參與議論，議論有沒有符合主題，是否有人獨占發言權等等。請細心留意這些要點，時刻修正。

　　主持人也是左右會場氣氛的人物，開場時要保持笑容，聲音也要比平常開朗，這樣與會者比較敢提出意見或發問。另外，請事先思考一些積極正向的總結方式，參加者才會覺得這是一場好活動。

▶ 講師也要做好準備工作

　　有時候，上司還會派你參加就業博覽會和技術研討會。這種情

況下，主持人和其他講師會問你問題，你同樣要做好事前準備。

以下介紹幾個講師該做的準備工作。

首先，你要確認整場活動的主題和進程，順便了解主辦單位對你的期望為何。確認得越詳細越好，包括談話內容、時間、參加者的期待、提問的順序、其他講師是誰、有沒有投影機可用等等。主辦單位也想辦一場成功的活動，應該會樂於提供你訊息。

談話內容和提問對策也要先準備好，對與會的聽眾來說，座談會比普通簡報更能聽到多元的心聲和意見。另外，自我介紹和具體的說明方式特別重要，自我介紹大約花三十秒到一分鐘就夠了。你要事先做好充分的準備，以便在座談會上具體說明你的專業，還有你重視的議題。

接下來，**準備好你要問其他講師的問題，這樣自由對談的時間會更熱絡，主辦單位和與會者也喜聞樂見**，你可以請主辦單位提供其他講師的資料。發表意見的時候，先表達你對其他講師的認同點，再來發表自己的意見。如果你有不一樣的看法，抒發己見之前也請先稱讚對方的觀點。

上司會叫你去當講師，代表他認為你的話有值得一聽的價值。事先歸納好自己的想法和見解，參加座談會就不用害怕了。

〈主持人和主講者的職責〉

主持人的職責	主講者的職責
• 嚴格控管時間	• 了解主辦單位和與會者的期待
• 控管會議和活動方向	• 對不同的講師，要能發表具體的議論
• 營造出暢所欲言的氣氛	• 讓議論更加活潑

簡報失敗如何重新振作

簡報失敗是一定會難過的，我以前也擺脫不了失敗的陰影。可是，當我用不一樣的方式來看待失敗，就沒有一直耿耿於懷了，而且失敗的次數也越來越少。

那麼該如何看待失敗呢？簡單來說不要把失敗當成壞事，而是要當成一種學習的機會。**口才不好的人遭遇失敗，總習慣妄自菲薄，其實只要是人都會失敗。**

你要具體回顧以下三大重點，分別是「狀況」「行動」「結果」。也就是說，到底是在什麼樣的情況下，採取了何種行動，才會造成失敗的結果？

> 狀況：在平常參加的內部會議上輪流發言。
> 行動：自以為駕輕就熟，沒有備妥資料就上台發言。
> 結果：上司表示聽不懂你在講什麼。

> 狀況：對客戶做簡報，被點出數據有誤。
> 行動：替自己辯解。
> 結果：之後的簡報也被釘得滿頭包。

像這樣回顧自己失敗的經歷，你就知道以後該改善哪些缺點。以上面的例子來說，在熟悉的簡報場合也該做好充分的準備；被對方指出缺失，應該先誠心道歉，並答應改善缺失，等對方放心了再談論下一個議題。與其浪費時間自責，不如用這一段時間好好精進學習，這樣就能擺脫失敗的陰影了。

Chapter

6

掌握製作資料的重點

精心準備的
簡報資料被打槍

花了大把時間做資料,上司卻說他看不懂你在做什麼。你的資料顏色鮮豔,還有加入生動的插圖,想要表達的重點都講到了,到底上司是哪裡有問題?

常見的七大煩惱

☐ 做資料不曉得該從何著手。

⋯➔ **先做好腳本就不會做白工**（第六章第一節）。

☐ 看到空空如也的 PPT，不知道該打啥才好。

⋯➔ **用四大模式有效率地做資料**（第六章第二節）。

☐ 上司說你做的資料太亂，不好理解。

⋯➔ **一張投影片主打一則訊息就好**（第六章第三節）。

☐ 不知道該用哪種圖表。

⋯➔ **使用基本的四大圖表就好**（第六章第四節）。

☐ 想用圖示歸納重點，卻不知道該怎麼弄。

⋯➔ **用既定模式做出圖形**（第六章第五節）。

☐ 不會用漂亮的配色。

⋯➔ **顏色用兩種就夠了**（第六章第六節）。

☐ 想用插畫或圖像，該如何選擇才好？

⋯➔ **插畫視不同用途來取捨**（第六章第七節）。

本章目標

〔你〕⋯⋯➔ 不用耗費多餘的心力重做資料。

〔聽眾〕⋯➔ 一看到資料就知道你想表達的重點。

先做好腳本就不會做白工

▶ 用三分之一的準備時間來做資料就好

很多人以為製作資料是準備工作的重點，把所有心力都放在資料上。事實上，把所有時間都用來製作資料，成效反而不好。

前面介紹過訊息和敘事情節的安排方式，以及練習和排練的技巧，把時間花在這些層面上，你的簡報才會成功。花三分之一的時間製作資料，剩下的時間用來檢查資料有無錯誤，然後印出來看看。這有助於減少失誤發生，對你的心理建設也有幫助。

▶ 腳本能大幅縮短你的工時

大部分人都是直接打開 PPT 製作資料，其實這種做法反而花時間。PPT 的功能繁多，一般人要花時間思考使用方法，**從作業效率的觀點來看，把思考和製作分開來比較好**。PPT 是製作工具，不適合一邊思考一邊製作資料。

那到底該怎麼做才好呢？在打開 PPT 之前，請寫下你的資料構成方案，製作一份腳本。你可以在筆記上寫下資料的整體架構，還有每一張投影片的概要。**先做腳本再來做資料，能省下一半以上的工時**。多出來的時間請用來排練和練習。

▶ 腳本中該有的內容

腳本應包含下列七大投影片內容，按照 1 ～ 7 的順序排列。

〈簡報資料的架構〉

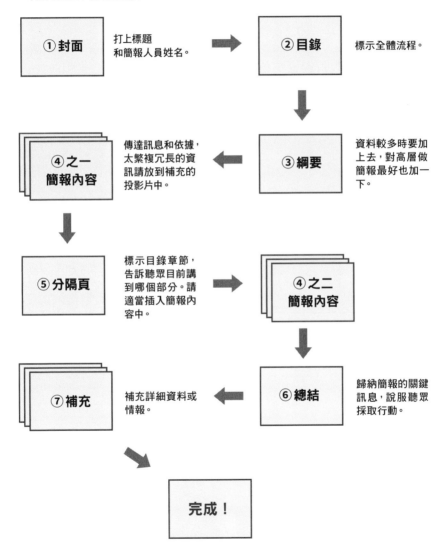

▶ 製作腳本的順序

接下來介紹腳本的製作方式，製作腳本就跟製作電影分鏡圖一樣，你要寫下簡報的流程和每張投影片的樣式。先思考如何在規定時間內，說出你要告訴大家的訊息和資訊；而這些訊息和資訊，你要用何種順序和樣式來呈現？想好後把整個架構寫出來。另外，在便條上寫下每一頁投影片的內容，模擬排列順序。

腳本不加入封面或目錄投影片也沒關係。如果簡報的內容偏多，最好加入分隔頁比較好區分不同的內容。

不先製作腳本，直接拿做好的投影片來編排資料，反而會被大量的資訊迷惑。你可能沒注意到自己的內容離題，或是加入了多餘的投影片，妨礙自己思考敘事情節。我不是說活用資料不好，而是你要先思考如何傳遞訊息，再把合適的資料用上去。

至於腳本中該安排幾張投影片？**假如你的簡報時間是三十分鐘，那麼除去「標題」投影片和「分隔頁」投影片，「內容」投影片請不要超過十張**。對客戶報告的場合難免會用較多的投影片，畢竟雙方沒有共通的認知基礎，但超過二十張投影片，對方很難記住內容。你要盡量精簡投影片的張數，剩下的當成補充資料，對方問你時再拿出來講就好。

腳本上的訊息和圖表，要先編出具體的外觀樣式。完成後先用口頭說明一遍，看看簡報的流程有沒有問題。這樣做好 PPT 或排練以後，就不用浪費時間修正資料了。

〈手寫腳本的範例〉

簡報內容 1

不用郵件的
工作方式

簡報內容 2

應用程式
比較結果

簡報內容 3

流程圖

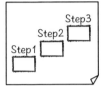

簡報內容 4

活用SNS
意象圖：
使用前後比較

簡報內容 5

引進應用程式
的效果

簡報內容 6

主要行程表

簡報內容 7

投資報酬率
試算

簡報內容 8

運用風險和
解決方案

簡報內容 9

制度提案、
成本估算

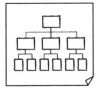

用四大模式有效率地做資料

▶ 簡單易懂的投影片都有固定模式

　　PPT 在使用上沒什麼限制，因此任意更動文字或圖樣的編排方式，反而會失去一體感，看起來雜亂無章。

　　過去我在外資顧問機構任職，公司每年都會發給我們資料的製作指南。簡報內容中的重要訊息欄位、圖表位置、顏色都有詳細規定，直接照做就好。**萬一公司內部沒有類似規定，自己做一份簡報指南有縮短工時的效果。**以下介紹四種模式供各位參考。

❶ 基本配置

　　這是最常見的基本模式，依序列出標題、重要訊息欄位、內容，可以用在投影片和分發的資料上。標題下方打上幾行重要訊息欄位，不用口頭說明聽眾也一看就懂。

❷ 總結式配置

　　當你想要先說狀況再說結論時，可以用這種模式。但重要訊息欄位擺在下方，遠處的聽眾可能看不到，這是美中不足之處。

❸ 圖表配置

　　當你想用有衝擊性的圖表說明時，可以用這種模式。圖表單純一點比較有效果。

❹ 重視表演效果的問答配置

　　這種模式會先列出一個疑問，再出示斗大的答案。這樣做能引起聽眾的興趣，但你在簡報時要做一點演出效果，好比事先不發資料，用投影片的動畫功能播出答案欄位等等。

　　一份簡報資料內盡量統一配置模式，分發給聽眾的資料最好也要打入重要訊息欄位，聽眾才會了解你要表達的重點。

〈常用的四大配置模式〉

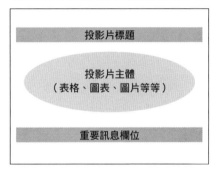

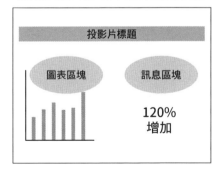

3

想緩和緊張　**想獲得認同**　想學會適當
的表達方式

想要掌握
簡報要領

想說服對方

想避免
失誤

一張投影片主打一則訊息就好

▶ 一張投影片不要放太多資訊

　　通常大家一聽到要精簡投影片的數量，就會在每一張投影片中塞入大量資料。我曾幫各大企業修改企劃書和提案報告，大部分人都有類似的缺點。我在研討會上放映那些企業的投影片，與會者也說資料看起來太雜亂，根本找不到說明的內容在哪裡。所以，每一張投影片主打一則訊息就好。

　　就以活動報告為例，很多人只是想傳達活動概況，結果放了一大堆圖表和文字，甚至還有活動圖片，每張投影片擠滿了大量的資訊。**把你特別想要強調的部分放大，聽眾反而更能了解你的訊息。**

▶ 表格要多花一點巧思

　　表格是一種情報量很多的資料，每張投影片中不要使用太多表格。直接把整個表格貼到投影片上，是在增加對方理解的負擔。**請先弄清楚你要用表格傳達什麼資訊，然後將那一部分的數據做成圖表，或是分散在不同的投影片上，強調個別的訊息。**另外，想要在投影片上貼照片沒關係，但照片太小聽眾看不懂你想表達什麼。多出來的必要資料，請當成補充的資料就好。

〈一張投影片的表格分成三張放〉

一張投影片中的訊息太多，分成多張投影片。

○○活動報告

舉辦年度	入場人數	男女比例
2016	3450 人	45:55
2017	4502 人	46:54
2018	4705 人	45:55
2019	5020 人	44:56

人氣商店	入場人數
A 商店	930 人
B 體驗營	626 人
C 特價商店	465 人
⋮	⋮

問卷調查結果

■ 滿意　■ 略微滿意
■ 普通　■ 略微不滿
□ 不滿

活動入場人數

舉辦年度	入場人數	男女比例
2016	3450 人	45:55
2017	4502 人	46:54
2018	4705 人	45:55
2019	5020 人	44:56

大約增加46％！

人氣商店排行

人氣商店	入場人數
A 商店	930 人
B 體驗營	626 人
C 特價商店	465 人
⋮	⋮

A商店的特別展很受歡迎

滿意度調查

問卷調查結果

七成的顧客感到滿意！

■ 滿意　■ 略微滿意　■ 普通　■ 略微不滿　□ 不滿

一定要放同一張的話……

活動概況

大約增加46％
活動入場人數

A 商店的特別展很受歡迎
人氣商店排行

七成的顧客感到滿意
問卷調查結果

用圖表減少資訊量，可以降低聽眾理解的負擔。

想緩和緊張

💬 想獲得認同

📢 想學會適當的表達方式

☆ 想要掌握簡報要領

🤝 想說服對方

 想避免失誤

使用基本的四大圖表就好

▶ 不必全部都用

PPT 和 Excel 的圖表類型將近二十種，你不必全部都學來用。不過，永遠只用同一種，聽眾對數據可能會有誤解。**首先，請記下四大圖表，理解一下每一種圖表的特色，嘗試運用複合圖表。**

❶「直條圖」比較一連串的數量

這種圖表多半用來標示不同時間的營業額。橫軸是年月或季度這一類的時間軸，縱軸則是數量。

❷「折線圖」表示狀況的演變

縱軸呈現的是變化的數值，橫軸則是時間。跟棒狀圖最大的差異在於，這是用來表示變化程度的圖表，縱軸的基點未必為零。

❸「橫條圖」表示序列

橫條圖不只是換個方向的直條圖，而是把相同屬性的東西放在一起，互相比較名次。因為是比排名，所以縱軸的排列順序會變動。

❹「圓形圖」表示細節

圓形圖是用來表示數據的細節，面積和角度不易比較，不適合用在複雜的數據上。

〈 四大基本圖表 〉

① 直條圖

表示連續的特定數量

- 縱軸數值代表量
- 橫軸是時間或變化要素
- 基點為零

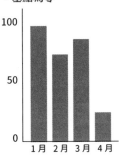

例：A 公司的年度營業額

② 折線圖

表示變化的傾向

- 縱軸數值代表變化
- 橫軸是時間
- 基點未必為零

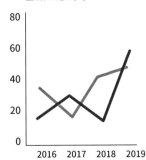

例：兩家公司的營業額演變

③ 橫條圖

比較同屬性的項目，分封排名

- 縱軸為比較項目
- 橫軸數值代表排名或對比
- 基點未必為零

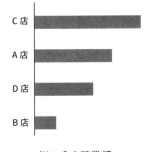

例：分店營業額

④ 圓形圖

表示細節

- 用面積表示細節的比例
- 不適合比較變化

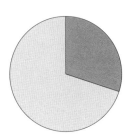

例：A 事業的營業額細項

▶ 製作圖表的共通要點

用 PPT 和 Excel 做好圖表後，你要修飾過再拿來當簡報資料。 不然，沒改過的圖表數字或文字太小，也可能夾雜不必要的資訊。以下是所有圖表的製作要點，遵循這些要點，你的圖表就會簡單易懂。

❶ 刻度線盡量少用

簡報要表達的不是詳細的資料，而是數據本身的傾向，因此刻度線要盡量少用。

❷ 文字放大

未經修飾的圖表擠滿了大量資訊，文字和數值會變得很小，以下是放大數值的要點。

- **軸線刻度：不用標示所有數值，標示相同級距的數值就好。**
- **資料標籤：放大你想要強調的資料標籤。**
- **項目名稱：放大到適合閱讀的大小。**

❸ 不要用立體圖表

圖表可以用長度、傾斜度、面積等形式來呈現數據。立體圖表不適合用來表達數據的衝擊性，就以棒狀圖來說，當你用立體圖表來呈現數據，各直條的基點看上去是偏斜的，不易比較彼此的長短；圓形的立體圖表，角度和面積也會有偏頗。

❹ 選擇你要呈現的資料

把所有資料都放上去，聽眾反而不懂你要表達的訊息。你要選擇合適的資料，做成簡單易懂的圖表，好比呈現十年間的變化，或

是近五年的數據就好，以五年為基準也行。下一頁是四大基本圖表的製作要點。

〈製作圖表的基本規則〉

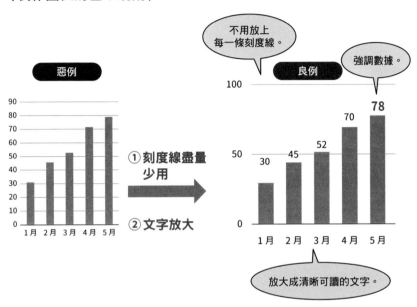

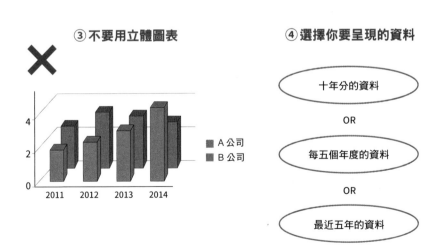

▶ 要避免對圖表進行印象操作

直條圖是在比較數據高低，所以基點一定要從零開始。用其他數值當基點，聽眾難以正確掌握直條面積，有印象操作之嫌。

直條圖呈現的是連續性的相同要素，原則上每一根直條都要用同樣顏色。如果數據的意義不同，就有改變顏色的必要。以下圖為例，四月的數據純粹是預測值，顏色就不能跟前三個月一樣，否則聽眾會誤以為那是實際的數據。四月的數據你要改變顏色，順便把實線換成虛線，這樣聽眾一看就知道那是預測值。請選擇想要變更的資料，用「資料數列格式」這項功能改變顏色和線條。

〈直條圖的製作規則〉

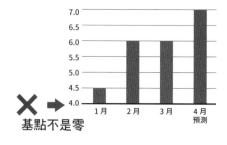

○ 基點從零開始

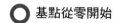

基點不是零

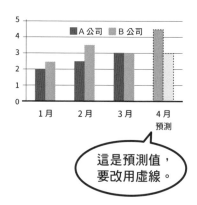

○ 資料的意義不同，要改變直條的呈現方式

這是預測值，要改用虛線。

▶ 圓形圖的使用場合有限

事實上，一部分的顧問公司和研究機構不得使用圓形圖，這也表示圓形圖是一種使用上特別需要留意的圖表。禁止使用的理由在

於，劃分圓餅的面積和角度，難以正確呈現數值。**只有在資料項目不多，而且訊息較為單純時才適用**。盡量不要用太多顏色，以同色系的漸層來呈現就好，立體圓形圖的角度和面積難以辨識，也不要使用。

〈圓形圖的製作規則〉

⭕ 以色彩漸層強調重要資料　　⭕ 細節變化不要用圓形圖呈現

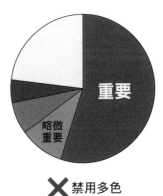

重要

略微
重要

❌ 禁用多色

❌ 禁用立體圖

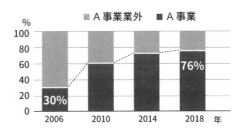

▶ **設定折線圖的刻度線要特別留意**

　　折線圖是用線條的傾斜度，來呈現你要表達的訊息，因此設定刻度線很重要。**你不用像直條圖那樣，以零作為基點。**如果軸線的數據較大，基點從零算起反而看不出變化。但刻度設定得太細，細微的變化又會被放大。**比較恰當的設定基準是，讓折線的高度占據整個圖表高度的 1/3 或 2/3**。不過，當你想要表達「成長停滯」的訊息時，可以把軸線的數值設定得比較大，讓折線看起來沒有向上成長的趨勢。換句話說，你要按照訊息的內容來調整刻度線。

前面也說過，製作圖表有一個共通要點，那就是要盡量少用刻度線。不過，**在製作折線圖的時候，最好連方形或三角形的資料點也一併消除**，這樣看起來會更清晰。至於想要強調的資料不妨加粗線條，這樣有引人注意的效果。

　　折線圖原始設定的線條太細，就算你自己看得清楚，用投影機放出來可能會很模糊，給人不夠鮮明的印象。**所有的線條都要用粗線，想要強調的資料則用更粗的線條，就會呈現強而有力又清晰的圖表**。圖表看重的是衝擊性，請務必多花一點巧思去做。

　　順帶一提，如果你想要呈現的數據演變只有一項，那請用棒狀圖就好。不然整個圖面上只有一條折線，你的線條再粗也不具衝擊性。做成棒狀圖可以呈現數量和狀況演變，比對複數的資料再用折線圖，單一資料則用棒狀圖，這一點請千萬牢記。

〈折線圖的製作規則〉

惡例

線條傾斜度太極端，
容易被誤解。

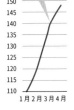

刻度線的單位
太小……

**傾斜的高度占全體
高度的三分之一就好**

惡例

線條傾斜度不夠，
看不出變化。

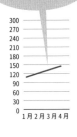

刻度線的單位
太大……

**去掉資料點和刻度線，
將想要強調的資料線加粗**

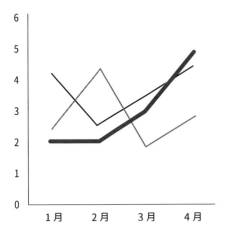

**按照原始設定製成
的狀態**

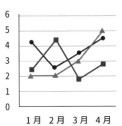

▶ 橫條圖的排列也要花點巧思

　　橫條圖和直條圖不同，**各項目的排列順序基本上是按照名次排列的**。比方說，在標示各分店的營業額時，直條圖是按照分店名稱或區域來排列，橫條圖則是按營業額的多寡排列。反正看得出順位和差距就好，不需要詳細的刻度線或太精確的數值。

　　不過，橫條圖主要標示的是名次，如果你想要表達其他的訊息，好比前段班和後段班的特殊傾向、各項目之間差距較大的要素、前段班占全體的百分比等等，就得用一些圖表加工來強化訊息。**當你要呈現問卷調查的統計結果，用橫條圖標示名次，會比單純列出設問更能看出當中的玄機**。

　　使用橫條圖時，把差距較大的前段班和後段班區分開，點出互相比較的意義，聽眾會更了解你的意圖。

▶ 懂得選用圖表後你該做些什麼

　　等你知道這四大圖表該如何運用，就可以確切呈現你想用數值表達的訊息。使用圖表的關鍵在於，聽眾能否了解你想用數值傳遞的衝擊性。沒有想清楚就隨便亂用圖表，反而是在干擾聽眾理解。也許你想表達的是數量的差異，或是自家企業的成長性，抑或客戶提供的各種意見。總之，請配合你想要表達的訊息，選用合適的圖表。

　　除了前面介紹的四種圖表，其實圖表還有很多種類。**等你運用自如以後，你可以變更圖表的設定，呈現出你要的衝擊性**。先按下Excel 的各類圖表，選擇你要用的種類，之後變更縱軸或橫軸的設定，或是改變排列的順序，整張圖表會給人截然不同的印象。

　　只要你知道什麼情況該用什麼圖表，且考量到圖表的衝擊性，就算沒有繁複的說明也能傳遞你的訊息，讓對方照你的話去做。

〈橫條圖的製作規則〉

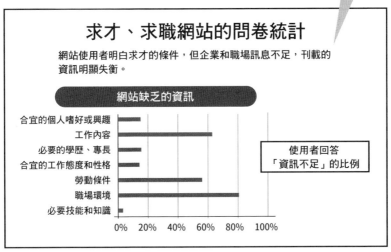

求才、求職網站的問卷統計

網站使用者明白求才的條件,但企業和職場訊息不足,刊載的
資訊明顯失衡。

網站缺乏的資訊

- 合宜的個人嗜好或興趣
- 工作內容
- 必要的學歷、專長
- 合宜的工作態度和性格
- 勞動條件
- 職場環境
- 必要技能和知識

0%　20%　40%　60%　80%　100%

使用者回答
「資訊不足」的比例

○ 改變各項目的排列順序

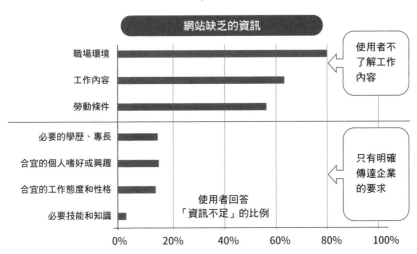

網站缺乏的資訊

- 職場環境
- 工作內容
- 勞動條件

使用者不
了解工作
內容

- 必要的學歷、專長
- 合宜的個人嗜好或興趣
- 合宜的工作態度和性格
- 必要技能和知識

只有明確
傳達企業
的要求

使用者回答
「資訊不足」的比例

0%　　20%　　40%　　60%　　80%　　100%

用既定模式做出圖形

▶ 常用的圖形可以做成固定模式

　　有加入圖形的投影片，比單純的表格或文章更好懂。一般人都以為自己缺乏藝術才能，所以不太敢用圖形。事實上，**製作商業資料的圖形不需要藝術品味，關鍵在於你整理資訊的方式是否有條理**。你得先弄清楚自己要傳達什麼資訊，以及各資訊之間的關聯性，而不是隨便在方框或圓框中加入文字。

　　製作圖形的第一步是先整理你要呈現的要素，釐清你要表達的重點。好比核心概念、工作的進程、行程表、歸納資料等等。先決定好你要呈現什麼，再選擇合適的圖形。

　　新手自己思考圖形模式的困難度太高，先記下一些常用的圖形模式就好。這些常用的模式運用得當，就能歸納出有條理的資訊，明確傳達你的主張。等你駕輕就熟以後，再來思考個人原創的圖形。

　　下一頁介紹的四種模式，都是簡報或演說時常用的圖形。首先，第一種和第二種是用來介紹關鍵企劃的概念，請用簡單易懂又好記的圖形。第三種適合用來歸納大量資訊，用圖形代替表格，聽眾也比較好理解。第四種是講解程序或步驟的圖形，可以確切說明每一個人在期限內應該完成的任務。

① 列出簡報核心的圖形

這種圖形主要用來標示概念和特色。

在表達抽象概念或相對關係時，先分成幾個大區塊，再用線條或箭頭串聯，做成所謂的「集合關係圖」。在列出商品或服務的特色時，請放上形象插圖，做成「並列關係圖」。

〈列出概念或特色的兩種圖形〉

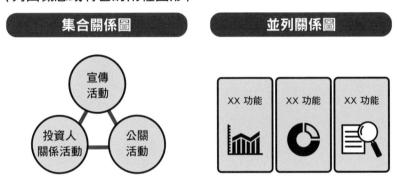

② 列出簡報核心的順位

要呈現一連串的發展過程，請用「發展關係圖」；要呈現循環的流程則用「循環關係圖」；要呈現上下關係或排序，請用「階層關係圖」。

〈列出流程或上下關係的三種圖形〉

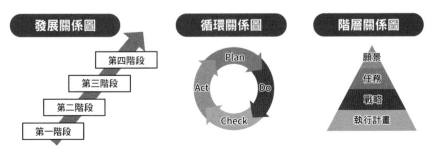

③ 統整複雜資訊的圖形

通常在歸納資訊或表示因果關係時，會使用這樣的圖形。把「雙軸矩陣圖」的縱軸設定為難易度，橫軸設定為效果，很適合用來歸納各種對策。至於用樹狀形式整理資訊的「邏輯樹圖形」，適合用來歸納問題或現象。歸納客戶和企業間的商品或資金流向，則適合用「架構圖」。

〈分析各資訊因果關係的三種圖形〉

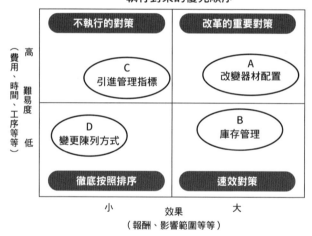

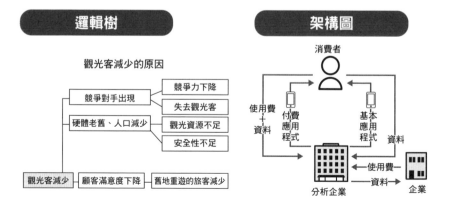

④ 標示程序或進程的圖形

　　這種圖形用來標示工作的進程和步驟。「甘特圖」主要用來說明工作時程，縱軸列出各項工作內容，橫軸標出時間，然後用線條的長度標示執行期間。「路徑圖」是用來介紹工作的進程，以及工作的順序，日期就放在下方用三角形提示。「流程圖」則用來標示每個人的職掌，縱軸設定為各員工，橫軸設定為時間或順序。

〈標示順序或進程的三種圖形〉

甘特圖

任務和行程

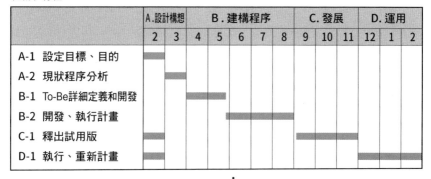

路徑圖

企劃的推動進程

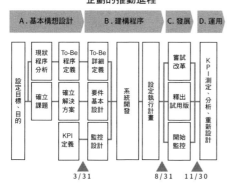

流程圖

各員工的職掌

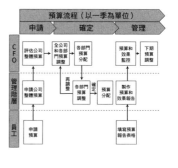

顏色用兩種就夠了

▶ 決定好配色

大家都以為配色和製作圖形一樣，都講究藝術天分，**其實商業資料只有兩大基本規則，一是決定好正面的顏色和負面的顏色，二是配合核心概念決定好主題色彩。**

首先，請決定好消息和壞消息要用哪兩種顏色來呈現。如果各張投影片有不同的概念，要決定好個別的主題色彩。決定好的主題色彩，只能用來呈現特定的概念，否則聽眾看了容易混淆。

▶ 善用無彩色的訣竅

白色、黑色、灰色又稱為無彩色，好好活用這些顏色，不必使用大量的色彩，你也會有很豐富的表現方式。

① 用亮度突顯對比

使用無彩色要留意亮度差異，像右圖那種亮度百分之四十的灰色，不管背景顏色是濃或淡都看得清楚。對比太強，眼睛看久容易疲勞，太弱又會給人不夠鮮明的印象。

② 用漸層表現顏色差異

同一種顏色只要稍微調整亮度，就有多種不一樣的變化，不需要使用大量的色彩。用在無彩色上也有同樣的效果。

③ 醒目配色

　　在你想要強調的地方上色，其他部分則用無彩色，這樣的技巧就稱為「醒目配色」。標示目錄上的某個章節時，經常使用這樣的技巧。

〈主題色彩的設定方法〉

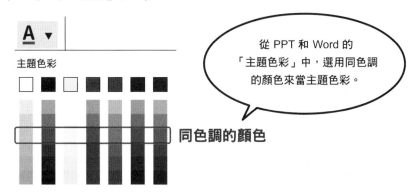

從 PPT 和 Word 的「主題色彩」中，選用同色調的顏色來當主題色彩。

同色調的顏色

〈漂亮呈現無彩色的技巧〉

用亮度突顯對比

40%　　40%　　40%

用漸層表現顏色差異

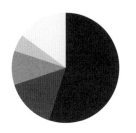

醒目配色

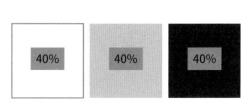

現狀分析　→　設定該追求的目標　→　找出解決方案　→　評價解決方案　→　設定執行計畫

插畫視不同用途來取捨

▶ 先統一整體風格

　　善用插畫、照片、圖片等元素，可以帶給聽眾鮮明的印象。但用得太多，投影片看起來又太過雜亂。**在選擇插畫或圖片時，請先統一整體風格**，否則不同風格的插畫擺在一起，會失去投影片的一體感。

▶ 留意呈現效果

　　使用圖片或插畫時，你**應該思考自己要呈現的是何種效果，而不是看到版面空白就隨便貼幾張圖**。以下介紹活用圖片的關鍵，讓各位了解不同圖片該重視的呈現效果。

① 使用圖標吸引注意力

　　圖標通常是指像符號一樣單純的象形圖示，一九六四年日本舉辦東京奧運，開發了這種簡單易懂的呈現手法，來服務不懂日文的外國遊客。網路上有很多免費的圖標可用。

　　使用圖標不會占據太多版面，對方又能直覺理解當中的訊息，有吸引注意力的效果。光靠文字不好理解的話，使用文字和圖標會更好吸收。

② 使用照片傳遞真實感

　　照片當中蘊含極大的資訊量，可以帶給聽眾真實感，撼動他們的情緒。關鍵在於整張投影片要貼上大張的照片，不要用小張的照片。像電影那樣放大出來會更有真實感。

③ 使用插畫呈現抽象化的印象

　　插畫的資訊量不如照片，但比圖標擁有更鮮明的印象，而且又有恰到好處的抽象感。只不過，插畫的風格迥異。你要思考自己需要的是時尚感，還是平易近人的氣息。之後再選擇合適的插畫，同一份資料內不要使用風格迥異的插畫。

〈插畫和圖標的使用方式〉

插畫……重視具體的印象。
圖標……重視統一感。

克服簡報障礙，提案必過

▶ 勇敢上台簡報，人生海闊天空

人生就是一連串的抉擇，一個不擅長說話的人，不斷逃避簡報會有什麼下場呢？也許當下不用承擔緊張和丟臉的感受，但也沒辦法說出自己的觀點。從長遠的角度來看，可能會害自己的發展受到限制。

我始終認為，做簡報是讓自己一步步往前邁進。事前準備工作雖然辛苦，也未必能得到聽眾的好評，但持續往前邁進，總有一天會看到不一樣的人生風景。

▶ 不要把失敗看得太嚴重

有一次我參加重要的簡報場合，緊張到無以復加的地步。當時有人告訴我一段話，帶給我非常大的勇氣，至今我都還記得一清二楚。**那個人說，也許我把簡報當成是在走鋼索，但那一條鋼索沒有我想像的高，摔下來也沒什麼大不了。聽了那一段話以後，我的心情頓時放鬆不少，原來失敗沒我想得那麼可怕。**

的確，走高空鋼索很可怕，但走很低的鋼索就不可怕。現在回想起來，那個人是用心理暗示消除我的恐懼，起初我也勉強自己接受那種說法，後來我持續精進簡報技巧，終於擺脫了得失心。

簡報真的可以改變人生，這話一點也不誇張。**不管你進行任何簡報，結束以後你的眼界會有所改變，聽眾也會受到你的影響而改變**。你不必強迫自己變成一個簡報高手，只要有能力表達自己的看法，你的世界就會改變。

本書介紹了各式各樣的技巧。

有些技巧可能你有心嘗試，卻怎麼也做不好。

然而，嘗試本身就是向前邁進一大步。讀了商業書只有一成的人會付諸實踐，願意持之以恆的人更是少之又少。一步一腳印慢慢前進，你一定會到達更高的境界。

最後，我要感謝各位讀完這本書，這本書要是能減輕各位上台簡報的壓力，我也同感欣喜。

希望各位工作越來越順，在重要的簡報場合無往不利，每天都過得開開心心。這份無與倫比的喜悅，一定也能帶給各位身旁的人幸福。

請各位試著克服演說的恐懼感，去體會個中的樂趣，跟我一起踏出這看似微不足道，實則意義重大的一步。

2019 年 11 月

清水久三子

國家圖書館出版品預行編目資料

無往不利的簡報表達力：談判、說服、提案都有效的 47 堂說話課
/ 清水久三子作；葉廷昭譯 . -- 初版 . -- 臺北市：三采文化股份有
限公司 , 2022.07
　面；　公分 . --（iLead ; 4）
ISBN 978-957-658-849-5（平裝）

1.CST: 簡報 2.CST: 說話藝術

494.6　　　　　　　　　　　　　　　111007821

iLead 4

無往不利的簡報表達力：
談判、說服、提案都有效的 47 堂說話課

作者｜ 清水久三子　　繪者｜ ina arazu　　譯者｜ 葉廷昭
編輯二部 總編輯｜ 鄭微宣　　主編｜ 李婉婷　　校對｜ 黃薇霓
美術主編｜ 藍秀婷　　封面設計｜ 林奕文　　內頁排版｜ 陳佩君
版權部協理｜ 劉契妙

發行人｜ 張輝明　　總編輯長｜ 曾雅青　　發行所｜ 三采文化股份有限公司
地址｜ 台北市內湖區瑞光路 513 巷 33 號 8 樓
傳訊｜ TEL:8797-1234　FAX:8797-1688　網址｜ www.suncolor.com.tw
郵政劃撥｜ 帳號：14319060　戶名：三采文化股份有限公司
本版發行｜ 2022 年 7 月 15 日　定價｜ NT$380

話しベタさんでも伝わるプレゼン
(Hanashi beta san demo Tsutawaru Prezen: 6238-6)
© 2019 Kumiko Shimizu
Original Japanese edition published by SHOEISHA Co., Ltd.
Traditional Chinese Character translation rights arranged with SHOEISHA Co., Ltd. through JAPAN UNI
AGENCY, INC.
Traditional Chinese Character translation copyright © 2022 by SUN COLOR CULTURE CO., LTD